高等学校"十二五"规划教材
市政与环境工程系列研究生教材

"活性污泥－生物膜"
处理废水复合生物工艺

王　兵　李巧燕　雷瑞盈　李永峰　著
孙彩玉　审

U0223114

哈尔滨工业大学出版社

内容简介

本书简明扼要地介绍了"活性污泥－生物膜"处理废水复合生物工艺技术。第1~3章主要阐述废水生物处理悬浮生长培养系统和附着生长培养系统的设计依据与原则;第4~6章是对悬浮生长与附着生长培养系统制氢工艺建立与运行的探究;第7、8章主要介绍不同底物制氢性能的研究;第9~11章主要介绍强化污泥负荷冲击对制氢系统的影响。

本书可作为高等院校环境科学、环境工程专业的研究生教材,也可供相关专业高年级本科生教学参考。

图书在版编目(CIP)数据

"活性污泥－生物膜"处理废水复合生物工艺/王兵等著. —哈尔滨:哈尔滨工业大学出版社,2014.8

ISBN 978－7－5603－4856－8

Ⅰ.① 活⋯　Ⅱ.①王⋯　Ⅲ.①活性污泥处理－生物膜（污水处理）　Ⅳ.①X703

中国版本图书馆 CIP 数据核字(2014)第 172008 号

策划编辑　贾学斌
责任编辑　刘　瑶
封面设计　卞秉利
出版发行　哈尔滨工业大学出版社
社　　址　哈尔滨市南岗区复华四道街 10 号　邮编 150006
传　　真　0451－86414749
网　　址　http://hitpress.hit.edu.cn
印　　刷　哈尔滨工业大学印刷厂
开　　本　787mm×1092mm　1/16　印张 11.25　字数 256 千字
版　　次　2014 年 8 月第 1 版　2014 年 8 月第 1 次印刷
书　　号　ISBN 978－7－5603－4856－8
定　　价　28.00 元

《"活性污泥－生物膜"处理废水复合生物工艺》编写人员名单与分工

著　　者:王　兵　李巧燕　雷瑞盈　李永峰

主　　审:孙彩玉

编写人员:王　兵:第1~3章

　　　　　雷瑞盈:第4、5章

　　　　　李巧燕:第6、7章

　　　　　李永峰:第8~11章和附录

文字整理、图表制作由王安娜、杜亚曼、党煊栋、秦建欣等完成。

前　言

近些年来,随着石油资源日趋严重不足,人类面临着能源供应短缺、燃料安全和环境污染压力的严峻挑战。因此,各国都在加速新能源的研究开发利用。我国的"十二五"规划也将能源的开发利用置于重点领域的首位,"十二五"时期将是我国现代化进程最快的时期,伴随着巨大的人口数量和持续的经济发展压力,环境污染的风险必将进一步加剧,环境污染问题势必成为全国性突出的环境问题之一。当今社会的竞争不只是经济和人才的竞争,同时也是能源的竞争。寻找和开发新能源引起了国际社会的广泛关注,而关注的焦点也大多集中在可再生资源的开发和竞争上、环境安全以及可再生资源高效利用等可持续发展的问题。

中国在努力保持经济持续发展和人民生活水平提高的同时,已经面临着越来越大的减排压力。2010 年,中国的 CO_2 排放量为 83 亿吨,是世界第一排放大国。我国是一个"多煤、少气、缺油"的国家,煤炭是我国能源中最主要的能源,能源日益短缺的大背景下,以寻求新能源减少碳排放量为途径,为解决全球气候变暖和石油短缺等问题,走可持续发展道路,寻求新能源是当今时代全人类需要共同面对的严峻问题,这一理念与全面建设和谐稳定的社会是相一致的。所以大力发展科技先导型、资源节约型、环境保护型的新型能源,已成为全世界迫切需要解决的难题。

新能源开发利用这一研究领域,氢气是一种十分理想的载能体,氢气具有燃烧无二次污染、高效、可再生性等突出的特点,使得生物制氢的产业化进程备受世人的关注。随着能源与环境问题的日趋严重,氢能的研究日益受到重视。1997 年联合国能源组织了由多个发达国家参与的"氢能执行合约",将氢能的研究推向国际化,希望能开创氢能经济的新时代,也分别在 1990 年、1996 年和 2003 年通过了关于氢能研究的法规,日本的欧共体也启动了相关的项目,加强氢能源的研究。所以,氢气作为一种理想的"绿色能源",发展前景十分光明,人们对氢能源开发利用技术的研究也一直进行着不懈的努力。

本书从氢能源开发战略出发,着重讨论的悬浮生长与附着生长制氢系统的建立与运行,并研究运行参数对其产氢性能的影响,将能源开发与废水处理结合起来,建立起"活性污泥－生物膜"的新型工艺,工艺流程清晰,运行数据可靠,设计计算简明,便于读者借鉴和参考。

本书由东北林业大学、杭州电子科技大学和上海工程技术大学的专家们撰写。本书的出版得到黑龙江省自然科学基金(No. E201354)、上海市科委重点技术攻关项目(No. 071605122)""上海市市教委重点科研项目(No. 07ZZ156)和国家"863"项目(No. 2006AA05Z109)的技术成果和资金的支持,特此感谢! 博士生岳莉然、焦安英、韩伟、刘晓晔、万松和孙彩玉先后参加部分实验,王兵在文字整理和图表制作做出重要的贡献,向他们致谢。

本书因编写仓促,加之编写人员的水平所限,难免有疏漏及不妥之处,热忱希望读者批评指正。

编　者
2014 年 1 月

目　录

第一篇　废水生物处理的悬浮培养和附着培养

第1章　废水生物处理概述 ·· 3
1.1　废水生物处理的作用 ·· 3
1.2　废水生物处理的分类 ·· 5

第2章　废水生物处理悬浮生长培养系统 ···························· 11
2.1　理想悬浮生长培养系统 ·· 11
2.2　悬浮生长反应器培养系统 ······································ 20

第3章　废水生物处理附着生长培养系统 ···························· 35
3.1　附着生长反应器培养系统生物膜的特性 ························ 35
3.2　传质限制的影响 ·· 39
3.3　多种限制性营养物的影响 ······································ 55
3.4　多物种生物膜 ·· 56

第二篇　"活性污泥－生物膜"处理废水复合工艺

第4章　连续流悬浮生长制氢工艺 ·································· 63
4.1　厌氧发酵制氢直接可控影响因素分析 ·························· 63
4.2　连续流悬浮生长制氢工艺的建立 ······························ 65
4.3　厌氧发酵制取氢气和乙醇 ······································ 69

第5章　连续流附着生长系统制氢工艺 ······························ 72
5.1　连续流附着生长系统制氢工艺的建立 ·························· 72
5.2　固定化污泥厌氧发酵生物制氢和生物制乙醇 ···················· 76

第6章　连续流混合固定化污泥反应器发酵制氢 ······················ 79
6.1　CMISR 反应器乙醇型发酵微生物菌群的驯化 ···················· 79
6.2　不同 OLR 对 CMISR 反应器产氢效能的影响 ···················· 82
6.3　CMISR 反应器厌氧发酵制取氢气和乙醇 ························ 87

第三篇　两种食品废水冲击下的生物制氢系统稳定

第7章　红糖废水乙醇型发酵启动/运行及蛋白废水冲击过程 ············ 93
7.1　红糖废水 CSTR 生物制氢反应器启动 ·························· 93
7.2　红糖底物与大豆蛋白废水冲击过程 ···························· 100

第8章　UASB 生物制氢系统运行与大豆蛋白废水冲击过程 ·········· 103
   8.1　USAB 运行参数与方案 ·········· 103
   8.2　结果分析 ·········· 103
   8.3　混合底物在 CSTR 和 UASB 中制氢效果对比 ·········· 106

第四篇　厌氧系统的系统冲击与活性污泥强化恢复作用

第9章　连续流生物制氢系统的负荷冲击 ·········· 113
   9.1　CSTR 生物制氢反应器的运行特性 ·········· 113
   9.2　CSTR 生物制氢反应器的负荷冲击 ·········· 117
第10章　强化污泥对生物制氢系统负荷冲击的恢复作用 ·········· 122
   10.1　厌氧发酵产氢污泥的强化 ·········· 122
   10.2　强化污泥对产气量及产氢量的影响 ·········· 124
   10.3　强化污泥对液相末端产物的影响 ·········· 125
   10.4　强化污泥对 COD 去除率的影响 ·········· 126
   10.5　强化污泥对 pH 值和 ORP 的影响 ·········· 127
   10.6　强化污泥对微生物生态变异性的影响 ·········· 128
第11章　间歇培养中的负荷冲击 ·········· 130
   11.1　产氢菌的来源及培养液的组成 ·········· 130
   11.2　微生物生长分析 ·········· 131
   11.3　底物种类对厌氧发酵的影响 ·········· 131
   11.4　底物浓度对厌氧发酵的影响 ·········· 136
附录　产酸发酵过程相关实验分析方法 ·········· 139
参考文献 ·········· 164
索引 ·········· 168

第一篇　废水生物处理的悬浮培养和附着培养

第1章 废水生物处理概述

1.1 废水生物处理的作用

废水处理的目的是去除排放后可能危害水环境的污染物。从传统上讲,废水处理的重点在于对消耗接纳水体溶解氧(DO)的污染物的去除,因为水中 DO 浓度的减少会危及水生生物。这些需氧污染物是水体中微生物的食物,在新陈代谢过程中需要利用水中的氧气。并且,与高等水生生物相比,微生物能够在比较低的溶解氧浓度下生存。多数需氧污染物是有机化合物,而氨是一种重要的无机化合物。因此,早期的废水处理系统被设计成为去除有机物质的系统,有时包括将氨态氮氧化为硝态氮。当今建立的许多工艺仍然如此。随着工业化持续发展和人口增长,人们认识到另一个问题,即富营养化问题。富营养化是指水体中植物和藻类过度生长,使湖泊和河口加速老化的现象。这是由于氮和磷等营养物排入水体引起的。因此,工程师们开始注重设计有效的、成本低廉的废水处理系统来去除这类污染物。过去 20 年中的许多研究都注重这类处理方法。直到最近,人们才开始重视有毒有机化学物质的排放问题。这些有毒物质中有许多是有机物,去除需氧物质的工艺方法也能够去除有毒有机物。因此,目前许多研究都转向有毒有机物在处理系统中的归宿和对处理系统产生的影响。

确定废水处理系统中生物处理的作用的最有效方法是制定该系统的工艺流程图,如图1.1所示。通过流程图可以跟踪四种类型的污染物,箭头宽度表示污染物质通量。这四类污染物是:溶解性有机物(SOM)、不溶性有机物(IOM)、溶解性无机物(SIM)和不溶性无机物(IIM)。多数情况下,不溶性无机物的微生物转化速率很低。因此,不溶性无机物通常由初级物理单元操作分离,然后再处置。当废水量很大时,污染物的浓度相对比较低。工程师们以最有效的方法分离污染物,并且尽可能地进行浓缩,减少污染物的体积。对于废水中的不溶性污染物,可以由物理沉淀单元分离去除。因此,物理沉淀通常是污水处理工艺系统中的第一个单元操作。沉淀池的出水(溢流)中含进水中的所有溶解性污染物组分和少量不溶性组分。大部分不溶性组分从沉淀池底部排出,呈浓悬浮浆状态,称为污泥。溢流液和沉淀污泥都需要进一步处理,生物处理这时就可以发挥作用了。

多数用来分解或转化溶解性污染物的单元操作都是生物处理单元。这是因为,在反应物浓度非常低时,生物处理比化学和物理单元更加有效。在生物处理中,溶解性污染物或者被转化为无毒形式的物质,如二氧化碳或氮气,或者被转化为容易分离的颗粒状的微生物细胞物质。此外,微生物在生长过程中,能够吸附先前的单元操作中没能去除的不溶性有机物,并通过物理单元分离去除。所以,物理单元操作的出水相对清洁,通常只需很少或者不需任何额外处理就可以排放。用物理单元分离的不溶性物质,一部分被回流到生物处理单元中,另一部分进入后续的处理工艺,做进一步处理。

生物处理的另一个主要用途是处理污泥,如图 1.1 所示。初级污泥是在生物处理之前由沉淀单元产生的污泥。二级污泥是由生化处理单元中微生物细胞的生长,以及微生物细胞吸附不溶性有机物产生的污泥。由于废水来源多样,初级污泥的性质变化多样,而二级污泥的性质比较单一,主要是微生物细胞。有时将这两种污泥混合处理,有时也分别处理。在处理污泥时,生物处理单元的效率与污泥性质密切相关。

　　尽管生物处理在废水处理中扮演着重要的角色,但是如果向一个废水处理设施的参观者询问所使用的某一生物处理的名称,其回答往往不能表明该生物处理的原理和性质。事实上,对于活性污泥这一最常见的单元操作,甚至早在其生物处理性质弄清以前就已经被命名。因此,在开始学习各种生物处理单元之前,首先需要搞清楚生物处理是什么和它能干什么。

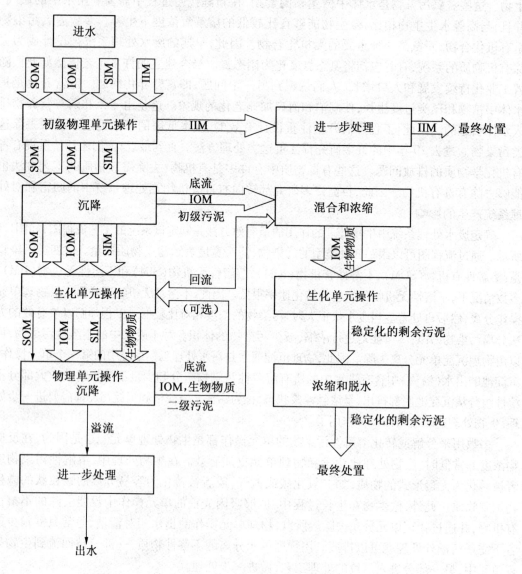

图1.1　生物处理单元的废水处理典型流程示意图

1.2　废水生物处理的分类

在废水生物处理过程中,每种生物处理都会形成一种独特的生态系统,这种生态系统取决于处理设施的物理设计、进水的化学性质和系统微生物引起的生化变化。由于生理、遗传和群体适应性的不同,从物种多样性角度看,这种生态系统中建立的微生物群落是独特的。因此,不可能获知物种的数量和类型。尽管如此,研究生物处理中群落结构的一般性质,并将其与处理过程进行的环境关联起来是具有指导性作用的。其目的不是为了简单地罗列出存在的生物,而是为了搞清楚每种重要种群的微生物在生物处理中所起的作用。因为好氧和缺氧环境中的生化过程是以呼吸作用为基础的,而厌氧环境中的生化过程是以发酵作用为基础的,所以微生物群落差别非常大。因此,生化环境为区分微生物群落提供了一种逻辑方法。

1.2.1　悬浮生长式培养

表1.1列出了不同类型的悬浮活性污泥系统,这说明活性污泥这一名称并不十分明确。它们的共同点是,在好氧生物反应器中都使用悬浮生长式微生物絮体,并且都采用某种形式的污泥回流。对该表进一步研究表明,溶解性有机物的去除和碳氧化是处理的首要目的。在适宜情况下也会发生消化作用,因此将其列为相关系统的一种处理目的。延时曝气活性污泥(EAAS)系统经常用于没有物理预处理分离悬浮态有机物的废水。在这种情况下,不溶性有机物被截留于生物絮体中,并受到一定程度的氧化和稳定化作用。大多数其他类型的活性污泥系统都用于处理沉降性物质被分离去除后的废水。然而,如前所述,这样的废水仍然含有一些胶体性有机物,其中大部分和溶解性有机物一起被去除。尽管胶体物质是不溶性的,在处理过程中其中一部分会得到稳定化,但是控制系统运行的主要目的是去除溶解性有机物。表1.1将其列为主要的处理目的。

表 1.1　不同类型的悬浮活性污泥系统

名称	缩写	生物反应区构型	处理目的								
			溶解性有机物去除			不溶性有机物稳定化			溶解性无机物转化		
			好氧	厌氧	缺氧	好氧	厌氧	缺氧	好氧	厌氧	缺氧
活性污泥	AS	都有污泥回流									
完全混合	CMAS	CSTR	×						N[①]		
接触稳定	CSAS	CSTR 串联	×								
传统活性污泥	CAS	CSTR 串联或扩散推流	×			×			N		
延时曝气	EAAS	CSTR、CSTR 串联或扩散推流	×						N		
纯氧曝气	HPOAS	CSTR 串联	×						N		
选择器	SAS	CSTR 串联	×						N		
序批式反应器	SBRAS	完全混合批式	×						N		

续表1.1

名称	缩写	生物反应区构型	处理目的								
			溶解性有机物去除			不溶性有机物稳定化			溶解性无机物转化		
			好氧	厌氧	缺氧	好氧	厌氧	缺氧	好氧	厌氧	缺氧
多点进水	SFAS	多点进水的CSTR串联或扩散推流	×						N		
生物法去除营养物	BNR	都有污泥回流									
生物除磷		CSTR串联	×	×						P②	
分段反硝化		CSTR			×				N		D③
分段硝化		CSTR							N		
序批式反应器		完全混合批式	×	×	×				N	P	D
单级污泥系统		CSTR串联，内回流	×	×	×				N	P	D
好氧消化	A/AD										
传统好氧消化	CAD	CSTR				×			N		
缺氧/好氧	AD	CSTR串联				×					
厌氧接触	AC	有污泥回流的CSTR		×			×				
升流式厌氧污泥床	UASB	上流式污泥床反应器		×			×				
厌氧消化	AD	CSTR					×				
氧化塘		都有污泥回流									
完全混合曝气	CMAL	CSTR	×			×			N		
兼性/曝气	F/AL	大而浅的池子串联	×		×	×	×	×	N		D
厌氧	ANL	大而深的池子		×			×				

注：①硝化。

②磷摄取和释放，要求同时有好氧区和厌氧区。

③反硝化。

最初，活性污泥的运行是间歇方式。每个曝气阶段结束时，污泥形成，沉降，排出澄清后的废水，污泥留在生物反应器中。随着这种分批运行方式的不断重复，悬浮污泥数量逐渐增加，在规定时间内有机物的去除更加彻底。尽管这种悬浮性污泥的增加伴随着污染物质去除能力的提高，但是早期的研究人员并不清楚其中的原因。他们用“活性”来表示污泥的特性，并因此给出名称。由于需要比较大的处理设备，使用间歇方式减少。但是，在20世纪70年代，由于对小型装置来说运行灵活，人们又重新对间歇式反应器的使用产生了兴趣。现在间歇式反应器被称作序批式活性污泥反应器（SBRAS）系统，已经在市政和工业废水的处理中得到了使用。

由于处理废水的流量增加，通过采用类似于推流式反应器的长曝气池，将早期的间歇式运行转化成连续流，其后增加了沉淀和污泥回流，这样的系统称为传统活性污泥（CAS）系统。人们曾试验过各种改良的推流式反应器，其中一种为沿曝气池长度方向在不同点进水，即所谓的多点进水活性污泥（SFAS）。20世纪50年代中期，多位工程师开始倡导采用有污泥回流的CSTR替代CAS反应器，这是因为前者具有内在的稳定性。这种稳定性，再加上微生物群落维持在相对稳定的生理状态方面的优点，使得完全混合活性污泥（CMAS）

法得到广泛的采用,尤其是在工业废水处理方面。然而这种方法产生的污泥并不像其他有浓度差的系统产生的污泥那样容易沉降,所以目前使用的许多生物处理系统是在一个大的CSTR 之前将几个小的 CSTR 串联在一起,从而获得所需的环境条件,这种系统称为选择器活性污泥(SAS)系统。其他一些创新工艺也采用了串联 CSTR,如高纯氧活性污泥(HPOAS)系统等。

1. 生物法去除营养物

生物法去除营养物(BNR)系统是废水处理中最为复杂的生化操作之一。与活性污泥系统一样,它也有几种形式,见表 1.1。生物除磷系统本质上是 CSTR 串联的活性污泥系统,其中第一个生物反应器是厌氧的,促进特异储磷菌的生长。分段硝化和反硝化系统通常采用带污泥回流的单个 CSTR,以便将氨转化为硝酸盐,硝酸盐转化为氮气。它们通常在现有系统之后,作为深度处理系统。序批式反应器在完成碳氧化后,也能够通过控制厌氧和缺氧阶段,去除磷和氮。如果不进行这种控制,则其类似于去除溶解性有机物的 SBRAS。最复杂的 BNR 系统是利用一种生物污泥通过多个带回流的串联 CSTR,按顺序完成碳氧化、硝化、反硝化和除磷作用。在串联的 CSTR 系统中,有好氧、缺氧和厌氧。单级污泥 BNR系统的一个关键特点是反应器从下游到上游的内部回流。今后,许多城市废水处理建设是将现有的活性污泥系统转化为 BNR 系统。

2. 好氧消化

好氧消化是在悬浮生长式生物反应器中好氧分解不溶性有机物。

一般,好氧消化池是一个停留时间长的 CSTR,允许有足够的时间使大部分有机物转化为二氧化碳。尽管消化不是主要目的,但也会发生。好氧消化经常用于处理溶解性工业废水生物处理中的剩余污泥,或者作为小型一体化系统处理家庭生活污水。传统好氧消化(CAD)使微生物始终处于好氧状态。缺氧/好氧消化(A/AD)使微生物在缺氧和好氧条件之间不断循环,从而利用消化形成的硝酸盐作为电子受体代替氧气,降低曝气和控制 pH 值的成本。有时,小型处理厂没有初级沉淀,使不溶性有机物的好氧消化与溶解性有机物的去除以及剩余污泥的稳定化等在同一个生物反应器内进行。在这种情况下,系统通常被认为是一个延时曝气活性污泥工艺。

3. 厌氧接触法

在厌氧条件下,在带回流的 CSTR 中去除溶解性有机物的处理过程称为厌氧接触法(AC)。它也可用于处理含有溶解性和不溶性的混合性有机物,与活性污泥法类似。有关的微生物分为两类:第一类微生物负责将进水中的有机物转化为乙酸、分子氢和二氧化碳。有短链挥发性脂肪酸积累,有与腐殖质类似的稳定不溶性物质残留;第二类微生物负责将乙酸、分子氢和二氧化碳转化为甲烷气体。厌氧接触法非常适合作为可生物降解 COD 高于4 000 mg/L 的预处理,因为它比活性污泥法和蒸发法便宜,但是质量浓度需要低于50 000 mg/L。与活性污泥系统相比,其主要优点在于能量消耗低,剩余污泥少,能产生甲烷气体。然而,厌氧接触法的出水需要做进一步处理,因为其出水仍然含有许多好氧生物可降解的溶解性产物。

4. 升流式厌氧污泥床反应器

与厌氧接触系统一样,升流式厌氧污泥床(UASB)反应器的主要目的是在厌氧条件下去除溶解性有机物,同时产生甲烷气体。UASB 系统与厌氧接触法的区别是没有外部沉淀池。废水从反应器底部引入,以与污泥沉降速度相当的速度向上流动,形成一个污泥床,并得以保持。反应器需要一个特殊的区域能够使产生的气体逸出而又不会夹带污泥颗粒。这类反应器中的活性污泥呈密实颗粒状,含有产甲烷菌和产酸菌。因为 UASB 中的污泥停留时间长,比厌氧接触法更适合处理浓度比较低的废水。事实上,已经证实 UASB 能够有效地处理城市污水。

5. 厌氧消化

到目前为止,厌氧生物法最大的用途是通过厌氧消化(AD)对不溶性有机物进行稳定化处理。厌氧消化中的微生物群落与厌氧接触法中的相似。厌氧消化是最古老的废水处理方法之一,然而由于其生态系统复杂,它仍是科学研究和新工艺开发的课题。近来设计人员倾向采用 CSTR 消化池,因为其反应条件均匀一致。有些人采用有回流的 CSTR,因为可以使用比较小的生物反应器。

6. 氧化塘

氧化塘是没有下游沉淀池回流污泥的悬浮生长式生物反应器。此名称来源于其建造方式和外观。历史上,它们曾被建造成巨大的土池子,其大小就像典型的"岛屿礁湖"。最初,氧化塘没有内衬,但是,事实证明这样是不可行的,因为氧化塘内的物质可能会渗漏到地下水中。因此,新型设计要求使用防渗内衬层。氧化塘内的环境条件比较宽,取决于混合程度。如果氧化塘混合充分曝气,则整个塘可能是好氧的。但是,如果混合程度比较低,颗粒物会沉积,就会形成缺氧和厌氧区。完全混合曝气塘(CMAL)通常归类为完全混合反应器,用于去除溶解性有机物,不溶性有机物稳定化和进行消化作用。兼性/曝气塘(F/AL)也有混合,但是混合程度不足以使所有颗粒物都处于悬浮状态。因此上层区域往往是好氧的,而底层含有厌氧沉积物。厌氧塘(ANL)没有特意进行混合,其中发生的混合过程主要是内部气体释放产生的。

1.2.2 附着生长式培养

不同类型附着活性污泥系统见表1.2。

表1.2　不同类型附着活性污泥系统

名称	缩写	生物反应区构型	处理目的								
			溶解性有机物去除			不溶性有机物稳定化			溶解性无机物转化		
			好氧	厌氧	缺氧	好氧	厌氧	缺氧	好氧	厌氧	缺氧
流化床生物反应器	FBBR	有曝气室的流化床									
好氧		流化床	×						N[①]		
厌氧		流化床		×							
缺氧		转盘			×						D[②]
生物转盘接触器	RBC	大滤料填充塔	×					N			
滴滤池	TF	淹没式小滤料填充塔	×		×			N		D	

续表1.2

名称	缩写	生物反应区构型	溶解性有机物去除			不溶性有机物稳定化			溶解性无机物转化		
			好氧	厌氧	缺氧	好氧	厌氧	缺氧	好氧	厌氧	缺氧
填充塔		淹没式小滤料填充塔	×		×				N		D
厌氧滤池	AF	淹没式大滤料填充塔		×							

注:①硝化。
②反硝化。

1. 流化床生物反应器

流化床生物反应器(FBBR)能够在三种生化环境中的任何一种状态下运行,环境的性质决定着生物反应器的功能。流化床系统反硝化是最早得到开发的功能之一,因为所有参加反应的物质都以溶解态存在。纯氧能够提供高浓度溶解氧,在好氧流化床中很快得到了应用,其主要目的是去除溶解性有机物,也可用于消化。厌氧流化床系统也得到了开发,用以处理溶解性废水。流化床系统的重要特点在于它能够保持非常高的活性污泥浓度,因而能够使用体积小的生物反应器。这是因为系统中生物膜的载体颗粒非常小,其单位体积表面积非常大。通过控制上向流速度,使颗粒保持流化状态,能够达到比其他附着生长式系统更好的传质效率。FBBR 的主要用途是工业废水处理。

2. 生物转盘接触池

旋转生物接触池(RBC)是原始工艺在现代的重新应用,去除溶解性有机物和将氨转化为硝酸盐。微生物附着生长在转盘上,其作用机理与悬浮生长式系统相同,但其能量效率更高,这是因为氧传质通过半淹没式转盘的旋转完成。这类反应器广泛用于生活污水和工业废水的处理。

3. 滴滤池

滴滤池(TF)是填充塔式的好氧附着生长式生物反应器。在20世纪60年代中期以前,滴滤池是用石头做的,由于结构上的原因,其高度限制在 2 m 左右。现在,滴滤池采用塑料介质,类似于吸附塔和冷却塔中的填料,空隙大,质量轻,自我支撑高度为 7 m 左右。滴滤池主要用于去除溶解性有机物和将氨氧化为硝酸盐。传统上,滴滤池一直用于中小型装置处理城市污水,降低运行成本。但是,自引入塑料介质后,滴滤池便作为其他生化处理单元的预处理。这是因为它能够以相对低的运行成本降低基质浓度,这是好氧处理的优点之一。滴滤池对不溶性有机物的降解效果相对比较差,因此不能用于此目的。

4. 填充床

填充床生物反应器利用淹没式介质作为载体,介质颗粒为几毫米。设计和运行水流可以是上向流或下向流。由于载体颗粒小,填充床不但是生化处理单元,也可以像物理滤池一样发挥作用。填充床的主要用途是处理溶解性无机物,特别是硝化和反硝化,这取决于所形成的生化环境。填充床也用于去除溶解性有机物,特别是在低浓度情况下。

5. 厌氧滤池

厌氧滤池(AF)这一名称,似乎表明它使用着与填充床类似的载体,但实际并非如此。

它是一种含有与 TF 塑料载体相似的填充塔。与 TF 不同的是，AF 是在淹没状态下运行，使微生物群落保持厌氧状态。它的主要用途是处理高强度废水，将大部分有机物转化成为甲烷。微生物在滤池中附着于固体介质上生长，水流可为上向流或者下向流。若为上向流，悬浮污泥可能积累，必须定期排除。尽管 AF 是附着生长式系统，但厌氧状态决定了其处理特性。

第2章 废水生物处理悬浮生长培养系统

2.1 理想悬浮生长培养系统

在废水生物处理过程中,如果把每个单元视为单独的系统而逐一去理解其工作过程,会是非常困难的工作。幸运的是,生物处理只包含有限的过程,它们之间具有许多共性。这意味着它们之间的主要差别在于反应器培养系统的构型。由于生化反应动力学已经研究得相当成熟,而反应器培养系统工程学原理可用来研究反应器培养系统构型的作用,两者的结合可以使人们了解各种类型生物处理系统的运行规律。反应器培养系统工程学是将数学模型用于分析和设计化学及生物化学反应器的一门科学。下面将简述反应器培养系统工程学的一些基本概念。

2.1.1 微生物系统模型

微生物系统是极其复杂的,所以其模型也是非常复杂的。幸运的是,一些相对简单的模型已经被证明能够描述许多生化反应过程。由于本书的目的在于掌握系统作用的一般规律,因此下面将集中讨论这些模型,但是考虑得太复杂很可能反而添乱。以下采用的所有模型都是以质量、动量和能量的转换为基础的过程传递模型。而且,这些模型基本上属于现象学类型,因为其速率表达式只是以基本形式描述了反应的基本机理。与此同时,这些模型又都是经验性的,因为模型应用的最终检验是通过实际观测和经验而不是凭基本原理推导。

本书所采用的模型和速率表达式都做了一些简化性的假设。虽然许多假设是隐性的,但是对经常使用的假设将其明确指出来还是非常重要的。第一个假设:一个反应器系统中指定种类微生物的所有个体都是相同的。事实上,由于所处生命周期阶段不同,每个微生物的生理状态都是不同的。但是,对这些状态的影响知之甚少,用数学进行描述将会非常复杂,因此不予考虑。第二个假设:随机现象可以忽略,即细胞之间的任何随机性差别都可以不予考虑。这个假设一般不会产生什么问题,因为大多数生化反应器都有数量庞大的细胞,使得这种随机性偏差可以忽略不计。第三个假设:每个微生物功能组别(如好氧异养菌、自养菌等)中,所有的微生物都被看作属于同一个种类。但是,在废水生物处理中从来都并非如此,所涉及的微生物至少有几十种甚至几百种。第四个假设是第三个假设的延伸:在一个微生物种类之中不考虑其个体,即关注的是微生物群整体,而不是组成它们的个体。这个假设在平衡生长条件下是合理的,因为此时微生物群体的变化与其数量的变化是成比例的。而且,微生物在反应器中被认为是均匀分布的。最后,假设悬浮生长式反应器的反应是均匀进行的,尽管反应器中的微生物会有不同的生长阶段。这个假设使得反应物从液相到固相(微生物体)之间的传质过程被忽略了,因而简化了模型。虽然传质过程确实比较重要,尤其是对于一些絮体,例如对活性污泥来说,但是采用这个假设并不会引起多大困难,因为一些参数,例如,Monod 方程中的半饱和系数受传质过程影响,使得模型仍然依赖微生物的物理形态(如絮体尺寸)。

2.1.2　质量平衡方程

传质模型基于质量、动量和能量的守恒。但是,对于大多数悬浮生长式生物反应器模型只需要质量平衡,因此只关注质量平衡。而且,因为生物处理中许多反应物和产物的元素组成并不清楚,所以一般来说,在工作中用质量单位比摩尔单位更方便。

对于任何一个系统的质量平衡来说,首先是限定体积规格,或者说是系统的边界。当反应条件包括组分对整个反应器体积来说都是均匀的时,整个反应器可以看作是限定体积;否则,就需要采用微分体积。选择了合适的限定体积后,就可以根据物质进入、排出、产生及消耗的数量而建立每种反应物或产物的质量平衡方程。

质量平衡方程的形式如下:

物质在限定体积内净累积速率 = 限定体积的输入速率 - 限定体积的输出速率 + 限定体积的净生成速率　　　　　　(2.1)

或者简化为

累积 = 输入 - 输出 + 生成　　　　　　(2.2)

质量平衡方程中每一项的物理意义为质量/时间。如果生成项是正的,则表示限定体积中有组分生成;如果是负的,则表示有组分被消耗。而且,任何一个组分的反应项都可能是几种其他组分浓度的函数。因此,就有必要同时求解几个质量平衡方程以得到限定体积中几种组分的浓度。

2.1.3　反应器培养系统的类型

悬浮生长培养系统使用多种不同类型的反应器。其中大多数是连续流式的,即水流连续流过反应器,不断地输入反应物,排出产物。但是,环境工程师有时候也采用间歇式反应器,即在反应过程中没有水流进入或流出,而是一旦水流进入,就进行反应处理,直到反应结束再排出。

1. 理想式反应器

(1)连续搅拌式反应器(CSTR)。连续搅拌式反应器经常被采用,尤其是在实验研究中。如图 2.1 所示,反应器有进水流称为进水,有出水流称为出水。反应器装有搅拌器进行充分搅拌,即在空间和时间完全混合,从而使进入反应器的组分立刻扩散,均匀地分布在整个反应器内。因此,从反应器中各点采集的样品具有同样的组成。而且,反应器出水成分与反应器内的成分相同。

在上述假定下,可以把整个反应器的体积作为质量平衡方程中的限定体积。将方程(2.3)用于反应器全部体积 V 中的反应物 A。

$$V\frac{dC_A}{dt} = F_0 C_{A0} - FC_A + r_A V \qquad (2.3)$$

式中,F_0 和 F 分别是进水和出水的体积流量;C_{A0} 和 C_A 分别是 A 在进水和出水(或反应器)中的质量浓度。

质量浓度符号 C 通常在质量平衡方程中表示任何组分的质量浓度,不管是溶解态的还是颗粒态的。为安全起见,假定反应器系统进水和出水流量相等,即 $F_0 = F$。如果进水的流量和质量分数恒定,则反应器通常会处于稳态,那也就意味着任何组分的变化速率均为零,这使得累积项为零,则方程(2.3)简化为

$$-r_A = \frac{F}{V}(C_{A0} - C_A) \tag{2.4}$$

因为方程等号右边是反应器单位体积进水和出水中 A 的质量流量的差值,而等号左边是反应器中 A 的净生成速率,所以方程(2.4)说明 A 进入或排出反应器的质量流量的差值是由于 A 在反应器中生成所引起的。如果 A 被消耗,则 $C_A < C_{A0}$,生成速率是负值。一个负的生成速率通常称为消耗速率。

一像方程(2.4)那样的稳态质量平衡方程可以有以下几个用途:首先,因为它可以计算 A 的生成速率,所以可用于获得实验速率表达式;通过改变进水流量 F,反应器体积 V,或进水质量浓度 C_{A0},测定出水的质量分数的变化,则可计算出反应速率随反应物 A 质量浓度的变化(其他反应物类推);此外,如果知道反应速率,重新改写方程(2.4)可以获得达到一定出水质量浓度所需要的反应器的体积,即

$$V = \frac{F(C_{A0} - C_A)}{-r_A} \tag{2.5}$$

最后,方程(2.4)也可以用来计算反应器体积 V 所能处理的流量,即

$$F = \frac{-r_A V}{C_{A0} - C_A} \tag{2.6}$$

因此,质量平衡方程对于连续搅拌式反应器还是非常有用的。

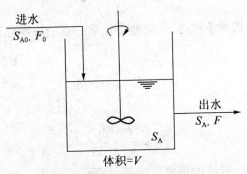

图 2.1 连续搅拌式反应器(CSTR)

(2)推流式反应器(PFR)。推流式反应器既可以是简单的管状结构,也可以填充催化剂或其他填料。含有反应物的进水从反应器进口连续流入,产物和未反应的反应物从出口连续排出。之所以称之为推流式反应器,是由于假定其内部流动形态沿反应器径向的流速和物质浓度都是均匀分布,没有轴向的扩散混合,因而每个流体单元都按照相对的顺序与其他流体单元流过反应器,就像乒乓球在管道中依次向前滚动。推流式也被称为管式或活塞流反应器。

因为假定是推流,而且反应沿整个反应器长度进行,所以反应物和产物的浓度只是随着轴向距离而变化。因此,可以把体积元设定为微体积元 ΔV,其中浓度均匀,如图 2.2 所示。

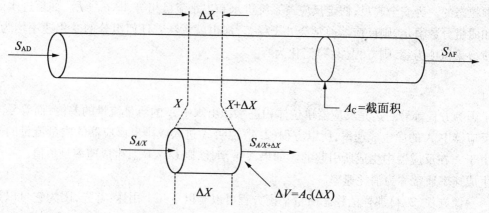

图2.2　推流式反应器作用机制示意图

反应物 A 在微体积元中的质量平衡为

$$\frac{\partial(A_C \Delta X C_A)}{\partial t} = F C_A \big|_X - F C_A \big|_{X+\Delta X} + r_A A_C \Delta X \tag{2.7}$$

$$A_C \frac{\partial C_A}{\partial t} = \frac{F C_A \big|_{X+\Delta X} - F C_A \big|_X}{\Delta X} + r_A A_C \tag{2.8}$$

式中，A_C 是反应器横截面积；X 为距反应器进口的距离；ΔX 为反应器微体积元的长度；$F C_A \big|_X$ 和 $F \cdot C_A \big|_{X-\Delta X}$ 分别是由反应物 A 在距反应器进口 X 和 $X + \Delta X$ 距离处的质量流量。

当 $\Delta X \to 0$ 时，方程(2.8)等号右边第一项变为 $F C_A$ 对 X 的偏导数，方程改写为

$$A_C \frac{\partial C_A}{\partial t} = \frac{\partial(F \cdot C_A)}{\partial X} + r_A \cdot A_C \tag{2.9}$$

在流速恒定时，反应器处于稳态，反应器中任意一点的浓度都不随时间而改变，因此式(2.9)可改写为

$$0 = -F \frac{dC_A}{dX} + r_A A_C \tag{2.10}$$

或

$$r_A = \frac{F}{A_C} \cdot \frac{dC_A}{dX} \tag{2.11}$$

这样一来，确定了反应器浓度梯度就能够计算反应速率。但是，在实践中这样做非常困难，也很少用这种方法获取反应速率。

应用质量平衡方程的主要目的是根据已知的进水流量和浓度及所需要达到的处理要求来确定反应器的容积。若已知反应速率方程，则将方程(2.11)对反应器长度进行积分，可得

$$\int_0^L \frac{A_C dX}{F} = \frac{A_C L}{F} = \frac{V}{F} = \int_{C_{A0}}^{C_A} \frac{dC_A}{r_A} \tag{2.12}$$

因而，可以求得反应器体积与进水流量之比 V/F。

（3）间歇式反应器。连续搅拌式反应器和推流式反应器都是连续流反应器。但前面已指出，环境工程师有时会采用间歇式反应器。这种反应器在整个运行过程中没有流量输入。最简单的过程周期就是先迅速进料或者进水，然后进行反应，反应完毕后排出。这样，

间歇式反应器质量平衡方程既没有输入项,也没有输出项。与连续搅拌式反应器一样,假定间歇式反应器内完全混合,则任何时刻反应器内的成分都是均匀分布的。因此,反应速率与反应器内部位置无关,浓度只随时间而改变,可以取整个反应器体积作为体积元,反应物 A 在间歇式反应器内的质量平衡方程为

$$\frac{d(C_A V)}{dt} = r_A V \tag{2.13}$$

当体积固定时,式(2.13)可简化为

$$r_A = \frac{dC_A}{dt} \tag{2.14}$$

这表明反应速率等于反应物浓度随时间变化的速率。

方程(2.14)说明,在间歇式反应器中,测定反应物浓度随时间的变化,求出浓度对时间的导数,就可以得到该反应物的反应速率值。一旦求得反应速率与反应物浓度的数据后,则可推出反应速率方程,再将其与质量平衡方程结合,从而可以根据所需达到的处理程度来确定反应时间或反应器体积。

比较方程(2.14)和方程(2.11)可以看出,间歇式反应器和推流式反应器有一定的相似性。方程(2.11)中的 F/A_C 项是推流式反应器的轴向流速,轴向距离除以流速就是时间。如果把距离 X 理解为处理所需要的时间,则方程(2.14)和方程(2.11)就相同了。因此,推流式反应器的每个微体积元就可以被看作是一个微小的间歇式反应器。

2. 非理想反应器

理想式连续流反应器对实验研究是非常有用的,它有助于了解一些因素,如流量及容积对反应过程的影响。事实上,本书有相当一部分内容都是在用理想反应器模型来理解生物处理过程的一般规律。然而,应该认识到,实际废水处理的反应器几乎没有理想式的。有数个原因导致这种现象。一个是尺寸问题,反应器越大,越难以达到理想式混合条件。另一个是其他要求的作用,例如,在近似推流式反应器中,曝气供氧引起轴向混合。还有实际可行性因素,现场条件及其他因素都限制了建造一个近似理想式反应器构筑物。

(1)停留时间分布。既然生物处理中的大多数反应器都是非理想式的,那么如何来确定它们的混合特性呢?一种方法就是测量其停留时间分布(RTD)。

方程(2.4)和方程(2.12)都含有 V/F 项,它表示的是一个流体单元(或者一种溶解性组分)在反应器体积和进水流量不变且密度恒定的情况下的平均停留时间,故称之为平均水力停留时间(HRT),或简称为水力停留时间,在方程中用符号 τ 来表示。它代表了处理一个反应器容积流量所需要的时间。其计算公式为

$$\tau = V/F \tag{2.15}$$

虽然 HRT 是流体单元在一个反应器中的平均停留时间,但它不是所有流体单元的实际停留时间。实际上,不同的流体单元所流经的路线不同,在反应器中停留的时间也就不同,这个时间的分布取决于反应器的混合特性。设函数 $F(t)$ 为出水中停留时间小于 t 的那部分流体单元所占的比例。在这种定义下,显然 $F(0)=0$,$F(\infty)=1$。换句话说,没有流体能在零时间内通过反应器,而所有的流体最终都会流出来。图 2.3 所示称之为累积分布函数或 F 曲线。另一个函数是瞬时分布函数 $E(t)$,与累积分布函数建立关系,即

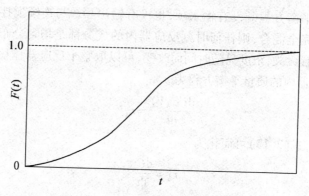

图2.3 累积停留时间分布函数 $F(t)$

$$E(t) = \mathrm{d}F(t)/\mathrm{d}t \tag{2.16}$$

由此可见，$E(t)\mathrm{d}t$ 是出流水中停留时间介于 t 和 $t + \Delta t$ 之间的那部分，因此它是水力停留时间的函数。在停留时间分布函数曲线(也称 E 曲线)下，时间介于 0 和 ∞ 之间的积分面积为 1，因为整个流体的停留时间都在 0 和 ∞ 之间。典型的 E 曲线如图 2.4 所示。

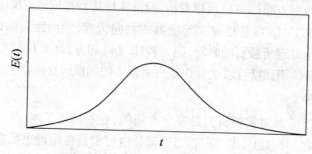

图2.4 停留时间分布函数曲线

两种理想式反应器的混合特性代表了两个极端，其他反应器都介于其间。在理想推流式反应器中，所有流体单元的停留时间就等于平均停留时间，所以就没有停留时间分布函数，因为它们是相等的。相反，在连续搅拌式反应器中，所有流体单元不管其已经停留了多久，在任何时刻离开反应器的概率都是相同的。这就意味着 CSTR 中的任一流体单元的停留时间并不是固定的，而是随统计分布而变化。尤其，水力停留时间呈负指数函数形式，即

$$E(t) = \frac{1}{\tau}\mathrm{e}^{-t/\tau} \tag{2.17}$$

对方程(2.17)从 $t = 0 \rightarrow \infty$ 进行积分，就可以确定一个 CSTR 的 $E(t)$ 曲线的面积。而且，方程式(2.17)表明，CSTR 中流体单元的停留时间为零的概率最大，平均停留时间同时也是停留时间分布的标准方差。

(2)停留时间分布的实验测定。反应器的分布函数和流量可以通过实验测定，方法是在反应器的输入流量中投加惰性示踪剂，观察反应器出水中示踪剂浓度的时间响应。最理想的两种示踪剂输入方式是阶跃信号和脉冲信号。

假设反应器进水流速恒定，在零时刻向进水中投入溶解性的示踪剂，示踪剂的浓度瞬时从零变化至 S_{T0}，并且以后一直维持这个浓度值，也就是说，浓度是阶跃式改变的。与此同时，立即取样测定出水中示踪剂的质量分数 S_T，绘出 S_T/S_{T0} 与时间关系的曲线图。曲线图

和 RTD 有何关系呢？为了回答这个问题，假设出水分为两部分：一部分在反应器中的停留时间小于 t，即 $F(t)$；另一部分的停留时间大于 t，即 $1 - F(t)$。其中，t 是从示踪剂投入起开始算起的时间。在反应器中停留时间小于 t 的流体都会含有示踪剂，即有 $F(t)$ 部分流体的示踪剂的质量分数 $S_T = S_{T0}$。相反，在反应器中停留时间大于 t 的那一部分，也就是在示踪剂之前进入反应器的流体不含有示踪剂，即 $1 - F(t)$ 部分的流体 $S_T = 0$。由于时间 t 时刻物质质量流量（通量）等于水流量和物质质量分数的乘积，即

$$FS_T(t) = F(t)FS_{T0} + [1 - F(t)]F \tag{2.18}$$

也就是

$$F(t)FS_{T0} = F \cdot S_T(t) \tag{2.19}$$

或

$$F(t) = S_T(t)/S_{T0} \tag{2.20}$$

方程 (2.20) 说明，累积分布函数 $F(t)$ 与标准化的由阶跃输入而产生的示踪剂浓度响应函数完全一样。因此，向反应器投加阶段投入示踪剂是实验测定累积分布函数的一种简便方法。根据方程 (2.16)，通过求微分可以得到 RTD 曲线。

对实验数据求微分是有风险的，因此如果有能够直接测定 RTD 函数的方法会更好。可以采用以上类似的分析方法证明瞬时分布函数 $E(t)$ 与标准化的由脉冲输入进水中所获得的示踪剂浓度曲线完全一样。一个脉冲输入是在反应器入流中瞬时投入一股示踪剂。测定的出水浓度值用 S_T 与时间关系曲线下的面积进行标准化处理，该面积可通过辛普森法或用图形积分方法求出。而且，这个面积相当于示踪剂总投加量除以反应器入流速率的商。方程 (2.16) 也表明，$F(t)$ 函数可以通过对脉冲输入的响应求积分得到。因此，无论是阶跃输入还是脉冲输入，都可以用来求得 $E(t)$ 和 $F(t)$ 函数。然而，更经常采用的方法是通过脉冲输入求 $E(t)$ 函数，如有必要再通过积分求函数 $F(t)$。

采用示踪剂可以了解反应器混合特性。如果实验得到的 RTD 函数符合理想式反应器的类型，则反应器的性能就可以用质量平衡方程和合适的反应速率方程预测或者模拟。但是，如果 RTD 函数偏离了理想式反应器，则需要采用更多的方法。

2.1.4　非理想反应器培养系统模型

利用 RTD 函数预测反应器的性能是一个复杂的问题，建议读者去参考更多的资料。环境工程中所应用的方法相对来说都比较直接，因此予以简单介绍。

1. 串联 CSTR 模型

建立非理想式反应器模型最简单的方法是采用串联 CSTRs，这个方法将在本书中得到广泛应用。这样做是基于系统对示踪剂阶跃式输入的响应。设有一系列的 N 个 CSTR，具有相同的容积 V，入流量为 F，每个反应器的平均水力停留时间为 τ（图 2.5）。在时间为零时，向第一个反应器输入示踪剂浓度 S_{T0}。然后，第一个反应器的响应成为第二个反应器的输入，第二个反应器的响应成为第三个反应器的输入，以此类推。如果列出和求解每个反应器的质量平衡方程（示踪剂是惰性的，没有反应发生），可以得到

$$\frac{S_{TN}}{S_{T0}} = 1 - \left[1 + t/\tau + \frac{(t/\tau)^2}{2!} + \cdots + \frac{(t/\tau)N - 1}{(N-1)!}\right]e^{-t/\tau} \tag{2.21}$$

每个反应器中示踪剂浓度变化（也就是 $F(t)$ 曲线），如图 2.6 所示，相应的 $E(t)$ 曲线如

图2.7所示。$N=1$ 的曲线是典型的单个 CSTR 反应器的响应。然而,更有意义的是,当 $N=\infty$ 时,其曲线就成为典型 PFR 响应曲线,即在整个水力停留时间内出水浓度阶跃式变化。这就表明 N 个串联反应器的阶跃式响应介于 CSTR 和 PFR 之间,取决于串联反应器的个数。这也就意味着,一个既不是 CSTR 也不是 PFR 的真正反应器可以用 N 个串联 CSTRs 进行模拟。选择 N 这个数字最简单的方法就是绘出该反应器的 $F(t)$ 或 $E(t)$ 曲线,并与图 2.6 及图 2.7 进行对照,根据最接近的响应模式选择 N 值。

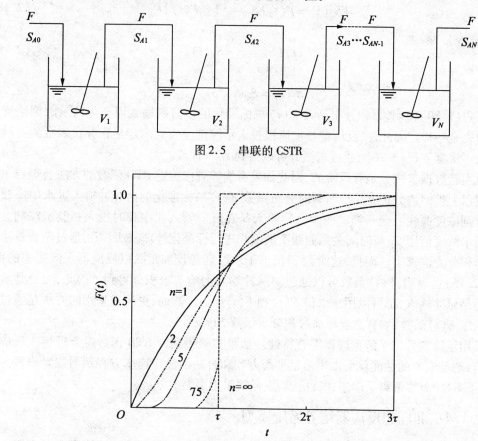

图2.5　串联的 CSTR

图2.6　串联 N 个 CSTR 对示踪剂阶跃输入的响应
（横坐标中的 τ 是 N 个串联的 CSTR 的总水力停留时间）

串联式反应器模型在环境工程中已经得到广泛使用。例如,Murphy 和 Boyko 发现传统活性污泥法的 RTD 函数相当于 3~5 个 CSTR 串联的反应器。

2. 轴向扩散模型

模拟非理想式反应器的另一种方法是在推流式反应器基础上叠加一定程度的返混。假设返混量的大小与其在反应器内的位置无关,并且可以用轴向扩散系数 D_L 来表示,该系数类似于 Ficker 扩散定律中的分子扩散系数。用轴向扩散来模拟叠加的返混过程需要在推流式反应器的质量平衡方程上添加一个传质项。也就是说,除了方程(2.7)中的对流扩散项以外,还应包括轴向扩散传质项。调整后的偏微分方程为

$$\frac{\partial S_A}{\partial t} = D_L \frac{\partial^2 S_A}{\partial x^2} - \frac{F}{A_C} \cdot \frac{\partial S_A}{\partial x} + r_A \tag{2.22}$$

式(2.12)通常改写为下面的形式：

$$\frac{\partial S_A}{\partial \theta} = \frac{D_L}{vL} \cdot \frac{\partial^2 S_A}{\partial z^2} - \frac{\partial S_A}{\partial z} + \beta r_A \tag{2.23}$$

式中，v 为轴向流速(F/A_C)；L 为轴向长度；z 为无量纲距离(x/L)；β 为无量纲时间(t/τ)；D_L/vL 为分散数。当分散数等于零时，则没有轴向扩散，属于推流式；而当分散数趋于无穷大时，则变成完全返混，就像一个完全混合式反应器。

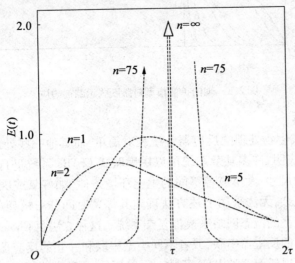

图 2.7　串联 N 个 CSTR 对示踪剂脉冲输入的响应
（横坐标中的 τ 是 N 个串联的 CSTR 的总水力停留时间）

　　分散数对停留时间分布的影响可以采用阶跃输入示踪剂时的初始和边界条件，通过求解方程(2.23)获得。方程的解以 $F(t)$ 的函数形式表示，如图2.8所示。用这种方法来确定反应器的混合状态需要选择合适的分散数。选择方法之一是在平均停留时间用 $F(t)$ 函数对时间求导，即

$$\left. \frac{\mathrm{d}F(t)}{\mathrm{d}t} \right|_{t=\tau} = \frac{1}{2\tau(\pi)^{0.5}} \left(\frac{vL}{D_L} \right)^{0.5} \tag{2.24}$$

或

$$\frac{D_L}{vL} = \frac{1}{4\pi\tau^2 \left[\left. \dfrac{\mathrm{d}F(t)}{\mathrm{d}t} \right|_{t=\tau} \right]^2} \tag{2.25}$$

　　因此，一个非理想式反应器的近似扩散数可以用方程(2.25)求在一个整停留时间处的 $F(t)$ 曲线斜率而得到。

　　分散数确定后，反应器的工作性能可通过方程(2.23)和合适的反应速率方程相结合来分析确定。这往往需要数值求解技术。由于这种方法比较复杂，在环境工程实践中还是运用串联式 CSTRs 模拟系统比较多。而分散数可以确定反应器流态，用于其他用途。

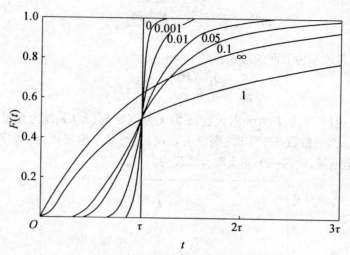

图 2.8　轴向扩散模型对阶跃式示踪剂响应

3.典型复杂系统

一些悬浮生长式生物处理的反应器系统相对简单,而其他一些处理系统就比较复杂。幸运的是,本章内容表明,许多复杂系统可以用串联式 CSTRs 系统进行模拟,串联的 CSTR 反应器可以有不同的尺寸、大小或者不同的生化环境条件(如好氧或厌氧条件)。有时,反应器中的流态非常复杂,无法采用上述方法确定其停留时间分布模型(RTD)。这时,就需要采用纵横交错或缠绕的流态网络来模拟复杂系统。这种方法由 Cholette 和 Cloutier 提出。该方法采用不同数目的反应器串联,或者不同类型串联和并联的反应器。通过叠加不同类型的流态几乎可以模拟任何一种 RTD 函数。可以预见,这种方法相当复杂。读者可以参考有关文献了解其应用。

2.2　悬浮生长反应器培养系统

2.2.1　悬浮生长反应器培养系统设计指导性原则

在研究生物处理的设计之前,有必要总结设计的一些基本原则。这些原则是进行设计的基础,见表 2.1。

(1)生物处理反应器内的生化环境决定了所生长的微生物群落的性质和所进行的生化反应的性质。如果一直维持高浓度的溶解氧,那么有机基质将被氧化成二氧化碳和水,为异养微生物的生长和化学需氧量(COD)的去除提供能量。此外,自养硝化细菌将氨和氮氧化为硝酸盐氮,为其本身生长提供能量。在好氧反应器中引入缺氧区,自养菌产生的硝酸盐氮被异养兼性细菌作为最终电子受体,将其转化为氮气,使氮从废水中得到脱除。在好氧反应器内合适的位置添加一个厌氧区,可以使聚磷细菌与普通异养细菌竞争基质,使磷在体内得到储存积累,以剩余污泥方式从系统中去除磷。最后,如果采用完全厌氧环境,既无氧气,又无硝酸盐氮,反应器中将形成完全不同的微生物菌群,其最终产物是甲烷。要点是,通过选择反应器内的生化环境,可以控制其内部所形成的微生物群落结构。

表 2.1 设计悬浮生长反应器培养系统的指导性原则

序号	内容
1	生化环境决定反应器中生长的生物种群的特性和相应反应的特点
2	SRT 是最重要的设计和评价参数
3	反应器中电子受体量和剩余污泥量存在 COD 平衡
4	不管反应器形状如何,具有相同的 SRT 和生化环境的悬浮生长系统剩余污泥量产率相同; 不管反应器形状如何,系统中总生物量相同; 不管反应器形状如何,尽管布水方式不同,去除有机物所需电子受体量也相同
5	用图形分析表达法只能确定系统生物量,而不能确定其浓度。只有在反应器体积或 HRT 已知时方可确定浓度

(2) 污泥停留时间(SRT)是设计和控制中最重要的参数。它与微生物的比生长速率有直接关系,如简单 CSTR 中获得的方程(2.12)。因此,当生化环境为微生物提供充分的生长潜力时,SRT 与反应器构型一起决定着这一生长潜力是否能够实现。另外,SRT 与反应器构型还决定着系统中反应进行的程度,从而影响出水污染物浓度、剩余污泥产生速率、电子受体供应速率和整个工艺的性能。

(3) 对反应器进行 COD 平衡,可以获得有关电子受体需要量和剩余污泥产生量的信息。反应器对于 COD 的去除量等于消耗的最终电子受体的氧当量和生成的污泥的 COD 量之和。

(4) 对于相同的 SRT 和生化环境,所有悬浮生长式系统的剩余污泥产生量实际上是相同的,与反应器构型无关。这一点可从第 7 章对各种系统的模拟结果看出来,它具有两个重要意义。①系统中总的生物量是相同的,与系统构型无关。这意味着,从简单 CSTR 推导出来的具有解析解的方程可以用来估算复杂的不可能有解析解的系统的总生物量或者 MLSS 浓度。②尽管电子受体在反应器中的分布可能不均匀,但是去除有机基质所需的电子受体的数量与反应器构型无关。然而,这一点不适用于消化过程的需氧量,原因在于消化过程进行的程度更依赖于反应器构型,而不是 COD 的去除程度。尽管如此,以上几点还是非常有用的,尤其是对于初步设计。

2.2.2 设计中的基本选择

一些选择决定着处理设施的性质,而另一些则决定着处理设施的大小。由于生化环境具有深远的影响,所以是需要最早做出的选择之一。然后再选择 SRT,从而确定与之相关的各种参数,如生物量、电子受体需要量等。最后必须考虑生物处理反应器与其他工艺单元之间的相互作用关系。

1. 生物化学环境

设计人员所面临的最基本选择是采用好氧/缺氧处理,还是采用厌氧处理。在好氧/缺氧处理中,异养菌利用氧气或硝酸盐氮作为最终电子受体,利用可生物降解的有机基质作为能量和碳的来源进行生长。另外,系统中的溶解氧促使自养性硝化细菌进行生长,利用氨氮作为电子受体,产生硝酸盐氮。相反,如果系统中没有氧气和硝酸盐氮,则必须利用替代性电子受体。在发酵系统中,有机物自身作为电子受体,产生溶解性的发酵产物;在产甲烷系统中,二氧化碳是主要的电子受体,产物是甲烷。

表 2.2 比较了好氧/缺氧和厌氧废水处理系统的特点。两个系统都能够达到比较高的有机物去除效率。然而,好氧/缺氧系统的出水水质一般比较好,厌氧系统的出水水质一般比较差。好氧/缺氧环境能够使各种各样的可降解有机物得到去除,尤其是溶解性的有机物。而且,好氧/缺氧系统中生物污泥的絮凝性能比较好,使出水悬浮物浓度非常低。相反,在厌氧系统中,虽然大部分可降解有机物转化为甲烷和二氧化碳,但是溶解性的可降解有机物的浓度相对来说仍然比较高,而且系统产生的污泥的絮凝性能比较差。因此,厌氧系统出水水质一般不如好氧/缺氧系统好。

表 2.2　好氧/缺氧系统与厌氧系统的比较

特点	系统	
	好氧/缺氧系统	厌氧系统
有机物去除效率	高	高
出水水质	好	中等至差
污泥产量	高	低
营养需求量	高	低
能量需求量	高	低至中等
温度敏感性	低	高
甲烷产量	没有	有
富营养物去除	可能	可忽略

在好氧/缺氧系统中,由于有大量的能量可以用于新细胞的合成,细胞产率相对比较高,从而污泥产量比较高。因此,对营养物的去除也比较高。相反,在厌氧系统中,由于可供利用的能量相对比较少,使得细胞产率比较低,污泥产量和相应对营养物的去除都比较低。在好氧/缺氧系统中,由于必须提供氧气作为电子受体,系统动力消耗比较高,因此采用缺氧区时可以在一定程度上降低动力消耗。而在厌氧系统的动力消耗比较低或中等,主要用于加热和搅拌。加热所需能量占相当大比例,但是可以由产生的甲烷提供。由于产甲烷细菌对于温度变化非常敏感,温度控制在厌氧系统中是非常关键的。而好氧/缺氧系统的性能对温度变化并不敏感。最后,好氧/缺氧系统能够脱氮除磷,而厌氧系统对氮、磷等营养物质的去除则可以忽略不计。

综合以上两种处理系统的特点,好氧/缺氧系统适合处理低强度的废水,而厌氧系统适合处理高强度的废水。图 2.9 给出了好氧/缺氧生物处理工艺或厌氧生物处理工艺适用的典型运行范围,以及所需要的典型 HRT 范围。这两种范围都是大概性的,只能作为参考。HRT 范围反映了以上两种技术所需的 SRT 范围和 SRT 与 HRT 的差别程度。由于好氧/缺氧系统实现高质量出水能力的限制,一般用于处理可降解 COD 低于 1 000 mg/L 的废水。虽然厌氧系统也可以处理这种浓度范围的废水,但是其出水水质一般达不到出水标准,从而需要增加好氧处理。然而,对于这种类型的废水,厌氧系统加好氧系统的组合与完全好氧系统相比并不经济。此外,低强度废水并不能够产生足够的甲烷,不能将废水加热到最佳温度。好氧/缺氧系统和厌氧系统两者都可以用于处理可降解 COD 在 1 000 ~

4 000 mg/L 的废水。同样,在出水水质要求较高时,需要对厌氧工艺出水再进行好氧/缺氧处理。许多实例证明,在处理可降解 COD 高于 4 000 mg/L 的废水时,厌氧工艺比好氧/缺氧工艺更有优势。一般来讲,高速和低速厌氧系统都采用污泥回流来提高 SRT,使 SRT 和 HRT 都处于理想状态,而厌氧消化系统并不这样。

　　其他一些因素也会影响好氧/缺氧系统与厌氧系统的相对成本。因此,当某种生物化学环境因素的影响使得图 2.9 所示不同处理系统适用的废水可降解 COD 浓度范围处于重叠状态时,必须进行研究,具体比较生化环境因素的优点和缺点。这些因素包括废水温度、流量和成分等。图 2.9 可以用来对废水生物处理系统进行初步筛选。

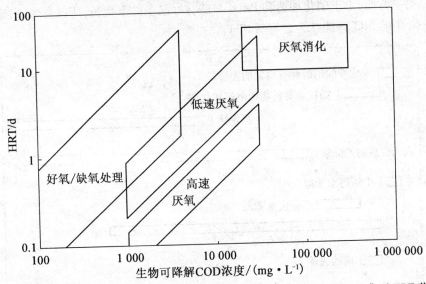

图 2.9　好氧/缺氧和厌氧悬浮生长式生物处理的典型运行范围及所需要的典型 HRT 范围

2. 污泥停留时间

　　SRT 对生物处理的能力和性能发挥着决定性的作用。例如,它影响反应器中生长的微生物的种类及其活性,从而决定出水水质。由于 SRT 具有多种作用,所以在选择时需要考虑多种因素。事实上,很少依据单一指标,如出水基质浓度来选择 SRT。在许多应用中,SRT 的典型范围都已经基本确定,通常可以根据经验来确定合适的 SRT。下面将讨论这种情况。

　　在确定合适的 SRT 值之前,应该强调所选择的 SRT 必须总是大于进行某种生物降解转化的微生物所要求的最小 SRT。最小 SRT 是微生物在小于该 SRT 时将无法在悬浮生长式反应器中进行生长。最小 SRT 是进水中微生物控制性基质的浓度以及描述微生物生长的动力学参数的函数。而动力学参数中起作用最大的是 μ。由于异养微生物利用易降解基质生长过程对应的 μ 非常高,所以其最小 SRT 非常小。相反,由于自养硝化细菌的 μ 非常低,所以其相应的最小 SRT 非常高。对于以人工合成化学物质为基质的异养微生物也是同样的道理。如果所采用的 SRT 小于微生物的最小 SRT,则微生物会从生物反应器中以比其生长速率还快的速率排出,微生物就不能形成一个稳定的数量。换而言之,此时发生了流失。相反,如果运行采用的 SRT 大于最小 SRT,则微生物能够在系统中存留和生长,降解反应得以进行。然而,降解反应进行的程度取决于所采用的 SRT 和反应器的构型。这两者都需要根据出水水质要求来进行选择。因此,一般需要运行采用的SRT要远远大于最小SRT,两者之间的比值称为安全因子。为了保证系统不会发生微生物流失,反应器中生长最慢的微生物所需要的安全因子应该大于1.5,有时需要采用比较高的安全因子。而且,当SRT受其他一些因素控制时,可能需要非常高的SRT。

（1）好氧/缺氧系统。图2.10为好氧/缺氧系统在采用不同的SRT范围时所对应的不同类型的过程。在SRT范围中,其下限反映了参与特定反应的微生物的安全因子,而上限表示高于此SRT值时,CSTR内反应效果提高有限。由于异养微生物可以在好氧和缺氧两种条件下生长,所以图2.10中所示的SRT可以认为是缺氧区和好氧区任意组合在一起的总SRT。另一方面,由于硝化细菌和PAOs只能在好氧条件下生长,所以在考虑硝化和除磷时,图2.10中的SRT只能认为是好氧SRT。

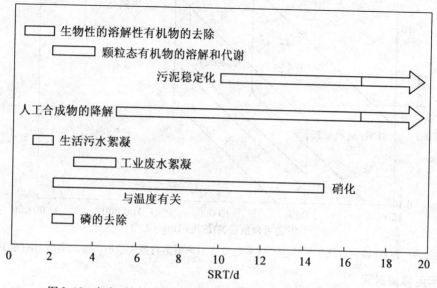

图2.10　好氧/缺氧系统的各种反应所对应的典型SRT范围(20 ℃)

从图2.10可以看到,溶解性可降解有机物去除所对应的SRT非常低,范围为0.5~1.5 d。当SRT超过这一范围时,溶解性有机物的降解实际就已经完成了。这是由于在好氧/缺氧条件下利用这种类型基质的异养微生物的μ相对比较高。而且,在市政废水处理系统中,细菌生长和基质去除还得益于进水中存在的微生物,可以防止流失现象。颗粒态有机物的溶解和代谢发生在SRT为2~4 d的范围内,超过这个范围,降解就完成了。污泥通过衰减和其他反应达到稳定化的过程需要更宽的SRT范围,一般超过10 d以上才能达到相当程度的稳定。超过10 d时,SRT越长,稳定化程度越高。人工合成化合物的降解通常需要相对比较长的SRT。一般来讲,SRT至少达到5 d才能对其中一些物质进行降解,而完全降解需要SRT超过10 d。

由于在悬浮生长式系统中污泥的分离和回流都是在絮凝状态下实现的,所以SRT必须足够长,以保证异养微生物以絮凝形式生长。有关文献曾经报道了非常宽的SRT范围。但是实践经验表明,对于生活污水的处理,SRT短至1 d就能够发生絮凝。然而,对于工业废水,通常需要比较长的SRT,典型范围是3~5 d。导致这种区别的原因在于两种废水基质性质的不同,而且生活污水中微生物的浓度比较高。另一个复杂的因素是丝状细菌,SRT太短时,容易导致其恶性生长。

自养硝化细菌的 μ 比异养细菌的 μ 低得多,因此需要比较长的 SRT 才能在好氧反应器中存活,如图 2.10 所示。此外,自养硝化细菌的最大比生长速率受温度变化影响比异养微生物更敏感。因此,硝化过程的 SRT 范围比较宽。反硝化是由异养微生物完成的,其 μ 相对比较高,只要进水有硝酸盐氮存在,就可以在比较短的 SRT 下进行生长。然而,由于大部分废水含有的是氨氮而不是硝酸盐氮,所以硝化/反硝化系统需要相对比较长的 SRT,以保证生长相对缓慢的硝化细菌能够产生硝酸盐氮。

图 2.10 还列出了用于除磷的 PAOs 生长和厌氧选择系统所需要的好氧阶段 SRT 值。PAOs 的 μ 值比不能储存磷的普通异氧微生物低。因此,除磷过程的 SRT 下限值比有机物去除所对应的 SRT 高。除磷过程的 SRT 下限值与硝化过程所对应的 SRT 下限相似,这意味着在除磷反应器运行过程中可能会遇到硝酸盐氮存在所引起的类似的问题。

图 2.11 为温度对硝化细菌和 PAOs 所对应的最小 SRT 的影响,可以进一步了解两种细菌的生长特点。图中的数据是根据典型的动力学参数和温度校正系数计算得到的。应该强调的是,曲线对应的是最小 SRT 而不是运行采用的 SRT,不包含安全因子。从图 2.11 看到,温度低于 20 ℃时,PAOs 的最小 SRT 低于硝化细菌的最小 SRT,可以只进行除磷而不发生硝化;而温度达到 25 ℃以上时,就难于做到这一点,除磷过程将会同时发生硝化反应。

对于图 2.10,最后还需要指出两点。①设计采用的 SRT 应该反映整个系统中的一些制约性过程。例如,尽管 SRT 低至 0.5 d 时就足够去除有机物,但是这个 SRT 仍然不能用于采用沉淀法分离污泥的系统的设计,原因在于这个 SRT 还不足以使生物进行絮凝。对于生活污水,进行生物絮凝的 SRT 一般高于 1~2 d,而对于工业废水则需要高于 3~5 d。②只要环境条件合适,在所选择的 SRT 下能够发生的过程都将发生。例如,如果污泥稳定化的 SRT 选择 15 d,同时就应该检测硝化反应,因为所选取的 SRT 足够引起硝化反应。图 2.10 提醒在各个 SRT 下可能发生的各种反应,从而有助于设计人员考虑各种可能发生的过程。

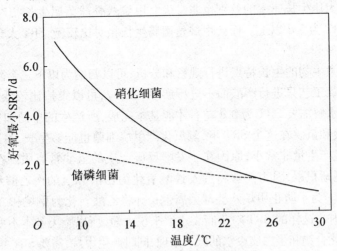

图 2.11　温度对硝化细菌和 PAOs 所对应的最小 SRT 的影响

(2)厌氧系统。对于厌氧系统可以采用类似的方式进行分析。图 2.12 为在 35 ℃时各种反应过程对应的 SRT 范围。温度越低,所需要的 SRT 越长。

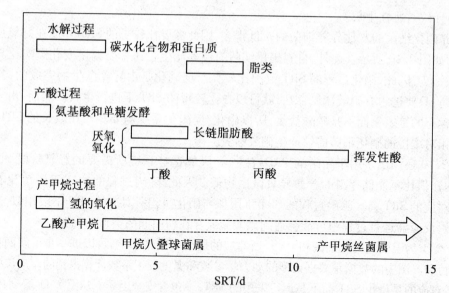

图 2.12　35 ℃时厌氧反应器系统中各种生化降解反应对应的 SRT 范围

　　颗粒态碳水化合物和蛋白质的水解反应进行得相对比较迅速,产生单糖和氨基酸,当 SRT 大于 3 d 时,反应实际上就基本完成了。相反,脂类水解产生长链脂肪酸和其他溶解性物质的反应进行得非常慢,一般 SRT 大于 6 d 时才开始进行反应。将水解产物转化为乙酸和氢的各种产酸反应也存在着相当大的差别。氨基酸和单糖的发酵进行得非常快,不是速率限制性过程。相反,脂肪酸厌氧氧化生成乙酸和氢的反应非常慢。丙酸厌氧氧化相对于其他厌氧氧化显得尤其慢。

　　各种产甲烷反应也同样取决于 SRT。氢氧化产甲烷细菌生长得相当迅速,SRT 大于 1.5 d 就能够形成比较完整的微生物种群。相反,乙酸产甲烷细菌的生长非常缓慢,而且两种常见细菌的最大比生长速率的差别也非常大。甲烷八叠球菌属生长相对比较快,形成完整的群落需要 SRT 为 5 d 以上。而产甲烷丝菌属生长相对比较慢,SRT 大于 12 d 时才开始生长。

　　对各种厌氧微生物的生长特点进行观察和分析,可以归纳为以下三个阶段。

　　(1) 如果厌氧工艺只进行产酸而不进行产甲烷反应,可以维持比较低的 SRT。碳水化合物和蛋白质的水解需要 SRT 为 3 d 左右才能基本完成,所产生的单糖和氨基酸转化为乙酸、其他挥发性酸和氢。在这个 SRT 下,氢氧化产甲烷细菌也能够生长,将产生的氢转化为甲烷。但是,甲烷产生量非常小,原因在于发酵反应产生的氢非常有限。在这样的 SRT 条件下,挥发性酸逐渐积累,因为能够将挥发性酸氧化为乙酸和氢的产乙酸细菌需要比较长的 SRT 才能生长。为了防止甲烷八叠球菌属生长并将乙酸转化为甲烷和二氧化碳,SRT 必须维持在 3 d 以内。这样的 SRT 对于脂类水解来说太短,所以脂类基本不变。

　　(2) 含碳水化合物和蛋白质废水的厌氧处理,同时产生甲烷,需要 SRT 维持在 8 d。在此 SRT 下,碳水化合物和蛋白质得到水解,水解产物经过发酵和厌氧氧化转化为乙酸、二氧化碳和氢,而乙酸和氢被用来产生甲烷。事实上,SRT 为 5～6 d 时就产生了相当数量的甲烷,但是此时的 SRT 太短,不足以使厌氧氧化丙酸为乙酸和氢的细菌生长,使丙酸发生积累。

　　(3) 当废水含有大量脂类时,例如,生活污水初级沉淀产生的污泥,需要 SRT 达到 8 d 以上才能实现稳定化。一般来讲,保证脂类在厌氧反应器内完全降解的最小 SRT 为 10 d 以上。除了 SRT 以外,厌氧反应器的性能还受到温度、pH 值和有毒物质等诸多因素的影响。此外,尽管厌氧系统已经证明有能力降解人工合成物质,但是需要相对比较长的 SRT。尽管如此,图2.12 基本说明了 SRT 对厌氧系统各种微生物的相对影响,以及对可能生化降解反应的影响。

3. 化学计量参数

一旦生化反应环境和 SRT 确定以后,就会在微生物生长和基质利用之间存在许多化学计量关系。

(1)若废水的流量和浓度固定,则系统中的微生物量就固定了,因此 MLSS 质量也就固定了。由于只是固定了 MLSS 质量,设计人员可以自由选择 MLSS 的浓度或者反应器的体积,然后再确定其他参数。这些参数的选择取决于生物处理工艺的性质、反应器的构型以及系统各种单元相互影响所引起的限制等。在系统设计中对所有这些因素进行考虑是非常重要的,在第 3 章将详细讨论。

(2)由化学计量参数决定系统排出剩余污泥的速率,以维持系统合适的 SRT 值。剩余污泥产生量是非常重要的,决定着污泥处理处置系统的规模大小。

化学计量参数还决定着电子受体的需要量。它可以通过进入系统的可生物降解 COD 和系统剩余污泥排出量,用本书的 COD 平衡原理来进行计算。如果是在好氧条件下,电子受体是氧气,所求得的需氧量是设计供氧系统的关键。如果是好氧/缺氧系统,所计算出来的是氧气和硝酸盐的总量,其相对量需要根据更多的资料才能确定。如果是厌氧系统,电子受体的需要量可以直接换算为甲烷的产生量,从而估算系统中可以利用的能量。

化学计量参数还可以用来估算反应器的营养需求。在生活污水处理中很少需要投加营养,但是,许多工业废水都缺乏一种或多种营养物质,因此需要投加相应的营养才能保证系统成功运行。考虑营养投加是设计的一个重要组成部分。对于以上各种定量数据信息,其精确度取决于数据来源及其应用。

从上面的讨论中可以看到,确定了 MLSS 量后,设计人员可以自由选择 MLSS 浓度或反应器体积。之所以说这种选择是“自由”的,是指它不需要用专门的方程进行计算。但是,MLSS 浓度的选择并不是孤立的,而是需要考虑系统各个单元相互之间的影响。其中有两种影响非常重要:污泥分离装置的影响;典型的如重力澄清单元与混合 – 曝气装置的影响。

对于一个处理系统,MLSS 浓度范围可以选择得非常广。从经济角度考虑,最节省的设计应该是采用尽可能高的 MLSS 浓度,从而使生物处理反应器尽可能的小。但是,这样一来就忽略了一个事实,即高的 MLSS 浓度需要比较大的沉淀池来分离、浓缩和回流污泥。沉淀池的大小是污泥沉淀特性、MLSS 浓度和污泥回流速率的函数。因此,小尺寸生物处理反应器对应着大尺寸澄清池,或者相反。如果污泥的沉降性已经确定,则生物处理反应器和沉淀池的相对尺寸可以通过多组模拟分析而选择最经济的方案。在初步设计中,污泥的沉降性一般并不清楚。但是,不同类型污泥的沉降指数与活性污泥的沉降特点存在着关联关系,可以由此推算污泥的沉降指数。这些定量关联关系是在初步设计中选择二次沉淀池表面积和污泥回流速率的基础。完全解释并合理应用这些关联关系需要污泥流动的理论,这超出了本书范围。读者应该熟悉这些关联关系图表及其在二沉池设计和评价中的应用。

如果所采用的反应器是好氧的,必须向废水中供应微生物所需要的氧气。此外,不管生化环境性质如何,需要保持 MLSS 处于悬浮状态,不必太顾虑污泥颗粒剪切效应会影响其絮凝和沉降效果。一般来说,从经济因素考虑,供氧和污泥悬浮由同一个设备实现。这样就对设计和评价产生了一定的限制。图2.13为反应器体积对供氧体积功率输入的影响及其与固体悬浮和絮体剪切之间的关系。

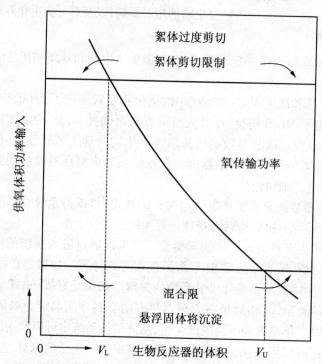

图2.13　反应器体积对供氧体积功率输入的影响及其与固体悬浮和絮体剪切之间的关系

　　反应器的体积功率输入是指单位体积混合或者供氧所需要的功率,与采用机械混合还是鼓风曝气无关。保持污泥处于悬浮状态需要一个最低体积功率输入。具体的功率值取决于生物处理工艺的类型。图2.13标出了维持适当混合所需要的下限。相反,也存在着一个最大体积的功率输入,超过此极限会导致污泥絮体过度剪切,处理后的废水难以澄清。对于混合,最大体积功率输入取决于生物处理类型,如图2.13中的絮体剪切限制。

　　对于废水处理,一旦确定系统的SRT,微生物所需要的氧气量也就确定了。对于给定类型的曝气装置,需要确定供应氧气所需要的总功率输入,其与反应器体积无关。因此,生物处理反应器越大,供氧的体积功率输入越小,如图2.13曲线所示。曲线与上述两个限制直线的交点分别表示反应器最大体积V_U和最小体积V_L。如果反应器体积大于V_U,则反应器总功率输入,即单位体积功率输入与反应器体积的乘积,将大于供氧所需要的功率输入。这样就不经济,浪费功率。另一方面,如果反应器体积小于V_L,污泥受到过度剪切力作用,干扰污泥絮凝和沉降。因此,在选择MLSS浓度和反应器体积时,应当考虑反应器体积对单位体积功率输入的影响。在后面的章节将对此进行量化考虑。

2.2.3　设计步骤

1.基于基本原则的初步设计和评价

在许多情况下,好氧/缺氧和厌氧系统的大小可以根据2.2.1节的基本原则进行估算。

初步设计和评价可以估算出一个现有生物处理设施的容量和处理能力,以及所需要进行的扩建;对于新的设施,可以确定其性质。因此,初步设计可以确定项目的规模和估算出所需要的费用,而且在获得了更多的信息之后,可以不断进行完善和修改。

在选择了生物处理环境条件之后,可以用图 2.10 和图 2.12 所示的信息来选择 SRT。选择处理的环境条件和 SRT 都需要具备一定的废水处理方面的经验。此外,将图 2.11 与图 2.10 相结合,可以进一步了解在所选择的处理条件下所发生的硝化反应。

选定 SRT 之后,需要估算工艺过程中的各种化学计量参数。这同样可以根据基本原则进行估算。2.2.1 节有一条重要的原理,即 SRT 确定之后,反应器所需生物量随系统运行参数如废水流量和浓度而定。

$$X_{B,H}V = \Theta_C Y_{HOBS} F(S_{SO} - S_S) \tag{2.26}$$

方程(2.26)的概念可以进一步引申,得到适用于初步工艺设计的简单方程。对于大多数生活污水,进水同时含有惰性和可生物降解的有机物两部分,这就要求考虑 MLSS 浓度,而不能仅仅考虑活性微生物的浓度。假如 SRT 足够长,该模型甚至可以结合可缓慢生物降解基质。由于这个原因,并且在实际采用的 SRT 下,$S_S \ll S_{SO}$,那么可以根据方程(2.26)及其所包含的基本原则,得到如下近似方程:

$$X_M V = \Theta_C Y_n F(S_{SO} + X_{SO}) \tag{2.27}$$

式中,Y_n 称为净过程产率。

方程(2.27)与方程(2.26)相比,有三个方面不同。首先,它采用 X_M – MLSS 浓度,如上所述,包括易生物降解和缓慢生物降解基质。但是,最大的区别还是产率系数的性质不同,Y_n 与实际产率系数不同,它包含惰性有机物及尚未降解的可缓慢降解有机物。

尽管具有一定经验性,但对于许多废水来说,典型 Y_n 值是已知的,或者可以通过系统运行数据计算出来。图 2.14 是一个描述了 Y_n 和 SRT 之间关系的例子。有几点应该说明:首先,Y_n 受 SRT 的影响在很大程度上与 Y_H 受影响的方式是相同的。其次,对于没有经过沉淀等一级预处理的废水,由于 X_{IO} 和 X_{SO} 较大,因此 Y_{HOBS} 值也比较大。最后,Y_n 表示每毫克 BOD_5 所产生的 VSS 的参数,单位是 mg/mg。实际上,只要与表示 X 和基质的单位相一致,任何单位体系都可以用来表示 Y_n。

方程(2.27)的用途是估算生物处理反应器中 MLSS 的质量,与反应器构型无关。而这些 MLSS 在反应器内的分布则取决于系统的构型。

净产率也可以用来计算初步设计所需要的其他一些信息,例如,设计污泥处理系统所需要知道的剩余污泥产量。经推导可以得到用于初步设计的剩余污泥产量方程,即

$$W_M = F Y_n (S_{SO} + X_{SO}) \tag{2.28}$$

这个方程特别重要,它还有另外重要的用途。如果是对现有设施更新改造,则处理厂就有剩余污泥日产量以及废水流量和强度方面的数据记录。用方程(2.28)和这些数据就可以计算得到 Y_n 的值。将这个数值代入到方程(2.27)就可以得到设计所需要的 $X_M V$ 值。

基于 COD 的物料平衡表明,电子受体的需要量等于进入生物处理反应器的可生物降解 COD 减去排出反应器的剩余污泥 COD。类似于前述初步设计方程的推导,可以建立耗氧量与进水浓度及剩余污泥负荷关联的方程,与方程(2.28)相似,有

$$RO = F Y_{O_2} (S_{SO} + X_{SO}) \tag{2.29}$$

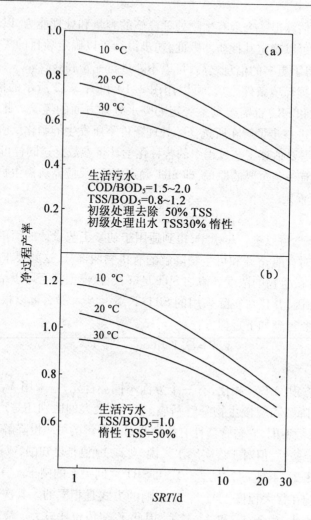

图 2.14　生活污水处理中污泥净产率与 SRT 和温度之间的关系
(a)经过预处理；(b)未经预处理

这样就得到了另外一个经验系数，即氧的过程化学计量系数 Y_{O_2}。Y_{O_2} 的单位应该与 S_{SO} 和 X_{SO} 的相一致。由于在实际中一般用 BOD$_5$ 表示可降解有机物浓度，所以 Y_{O_2} 的单位通常为 mg/mg。对于生活污水，Y_{O_2} 是 SRT 的函数，如图 2.15 所示。该图有两点需要注意：①Y_{O_2} 值大于 1.0，这是由于 BOD$_5$ 并不能代表基质所有的电子；②Y_{O_2} 随 SRT 的增长而增加。这说明方程(2.29)所描述的经验关系符合前面的基本原则。对于现有设施，方程(2.29)可以计算与进水负荷相关的氧过程化学计量系数。

与方程(2.29)所做的类似，引入一个合适的换算系数 $i_{O/EA}$，代表电子受体的 COD 当量，即

$$REA = \frac{F(S_{SO} + X_{SO})(1 - Y_{HOBS})}{-i_{O/EA}} \qquad (2.30)$$

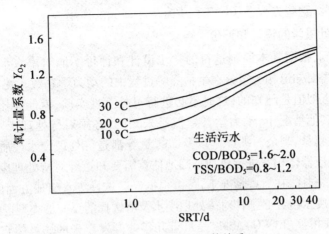

图 2.15　Y_{O_2} 与 SRT 的函数关系

式中，REA 是单位时间需要的电子受体质量，基质浓度和实际产率系数都以 COD 为单位。如果电子受体是氧，则 $i_{O/EA}$ 的值为 $-1.0\ \mathrm{g/g}$，反之，如果硝酸盐氮是电子受体，则 $i_{O/EA}$ 的值为 $-2.86\ \mathrm{g/g}$。如果二氧化碳是电子受体，生成甲烷，则 $i_{O/EA}$ 的值为 $-5.33\ \mathrm{g/g}$。但是在这种情况下，我们通常更关心甲烷的产量，而不是碳的消耗量。此时所有迁移的电子最终都用于生成甲烷，由此可以计算出其产量。在标准温度和压力下，氧化 1.0 kg COD 可以生成 0.35 $\mathrm{m^3}$ 甲烷，即

$$\mathrm{CH_4}\ 产量 = \left[F(S_{SO} + X_{SO})(1 - Y_{HOBS}) \right]\left(0.35 \times \frac{v_{CH_4}}{m_{COD}} \right) \tag{2.31}$$

式中，基质浓度和实际产率系数均以 COD 为单位；v_{CH_4} 指甲烷产量；m_{COD} 指需氧量。

最后，对于含有相当比例工业废水成分的生活污水来说，需要核对营养需求量以保证提供足够的营养。我们可以用如下方法对营养物需求量进行比较保守的估算：假定剩余污泥全是微生物，其含有的所有营养都需要由进水提供或者额外补充。因此，每天所需要的营养数量可以用剩余污泥产量乘以表 2.3 所列出的因子而得到。营养补充量等于营养需要量与进水所含营养数量之差。

表 2.3　营养需求量

营养	需求量		营养	需求量	
	消耗/kg VSS	消耗/kg TSS		消耗/kg VSS	消耗/kg TSS
1 g 氮	125	104	1 g 钠	4.3	3.6
1 g 磷	25	21	1 g 氯	4.3	3.6
1 g 钾	14	12	1 g 铁	2.8	2.4
1 g 钙	14	12	1 g 锌	0.3	0.2
1 g 镁	10	8	1 g 锰	0.1	0.1
1 g 硫	8.5	7			

本节所有的方程都是基于 2.2.1 节所阐述的基本原则。虽然这些方程在推导过程中做了一些假定，具有近似特性，但是在初步设计中，足够准确地对各种工艺方案的可行性进行

比较和选择。因此,这些方程在实际工程中有着相当大的作用。

2. 基于化学计量学的设计和评价

上面已经提到,根据基本原则进行的初步设计和评价不能对出水水质进行准确地估计。进一步估算需要知道相关组分在生物降解过程中的动力学系数。在有些情况下,有关这些系数的常见近似值是已知的,这时不必进行可处理性实验,就能够比较准确地估算出出水水质。而在其他情况下,动力学参数值是未知的,必须对待处理废水进行直接测定。同样,反应器内生物量、剩余污泥产率以及需氧量等都是待处理废水性质和微生物群落的函数。因此,对反应器体积等进行更加精确地估算需要知道针对待处理废水的动力学参数和化学计量参数。同样,在有些情况下,可以根据经验选择废水组成方面的一些近似值,但是在其他情况下,废水组分必须针对待处理废水及所选择的反应器类型进行直接测定。

国际水协水质模型(IAWQ)ASMs 是最近几年才开发出来的。虽然它是作为一个溶解性基质模型提出来的,但是有许多经验可以用于有机物同时呈溶解性和颗粒态的情况。这样一来,不管进水物质状态如何,其浓度都表示为生物化学需氧量(BOD)或可生物降解(COD),而出水浓度通常只用溶解性物质表示。这实际上是假定生物絮凝去除了尚未降解的颗粒态有机物,使出水有机物质主要呈溶解态。由于该模型大部分的计算都是基于微生物生长过程的化学计量参数,因此称其为基于化学计量学的模型。这个模型在用于生物法去除富营养物系统时受到严格的限制。因此,应该尽量使用 IAWQ 模型。

当一个设计和评价逐步深入,就必须考虑采用模型,此时需要考虑许多在初步设计和评价阶段没有考虑的因素。虽然基本方法是一样的,但是需要采用更多的方法及步骤。

在应用模型时,SRT 的选择必须满足出水水质的要求。如果生物处理反应器是完全混合式的,得到用于计算 SRT 最小值的方程,低于该值将不能到达所要求的出水水质,即

$$\Theta_{C} = \frac{K_S + S_S}{S_S(\hat{\mu}_H - b_H) - K_S b_H} \tag{2.32}$$

这个方程可以基于总溶解性可降解有机物进行计算,以可降解 COD 或 BOD 作为 S_S 的单位;或者基于特定有机物进行计算,此时用 S_S 表示有机物浓度。不管 S_S 是基于什么,K_S 必须是基于同样的物质。如果处理系统需要满足氨氮排放标准,方程(2.26)也能够适用于自养细菌,此时需要将异养微生物替换为自养微生物参数。但是,在这种情况下,需要对设计加上适当的安全因子。在根据方程(2.27)计算得到 SRT 最小允许值之后,就需要与图2.10 所包括的各种限制条件进行比较。换句话说,即使在设计中采用了模型,SRT 的选择仍受限于前面章节所讨论过的条件,甚至这些限制性条件可能决定 SRT 的选择。这一点将在后续章节中继续讨论。

SRT 选定之后,根据化学计量学模型对系统进行设计,如果有机污染物和 MLSS 浓度均以 COD 为单位,那么进水浓度是进入反应器内的易降解和可缓慢降解有机成分之和,即用 S_{SO} 与 X_{SO} 之和代替 S_{SO}。因此,反应器内生物量可以用以下方程进行计算:

$$X_M V = \Theta_C F \left[X_{IO} + \frac{(1 + f_D b_H \Theta_C) Y_H (S_{SO} + X_{SO} - S_S)}{1 + b_H \Theta_C} \right] \tag{2.33}$$

剩余污泥量用下式计算,即

$$W_M = F \left[X_{IO} + \frac{(1 + f_D b_H \Theta_C) Y_H (S_{SO} + X_{SO} - S_S)}{1 + b_H \Theta_C} \right] \tag{2.34}$$

需氧量用式(2.35)计算,即

$$RO_H = F(S_{SO} + X_{SO} - S_S)\left[1 - \frac{(1 + f_D b_H \Theta_C)Y_H}{1 + b_H \Theta_C}\right] \qquad (2.35)$$

营养物质需要量仍然用上文讨论过的方法根据剩余污泥产生量进行计算。

如果 MLSS 浓度的物理意义是 TSS,而有机基质浓度的物理意义是 COD,则必须对方程进行修正。一种情况是产率系数以 TSS 单位为基础。微生物浓度分别表示为 COD 单位和 TSS 单位时的产率系数之间的关系,可以直接换用。另一种情况是需要考虑进水惰性固体的逐渐积累。而现在需要定量计算在内。最后一种情况是,如果假定微生物残留物 COD 与微生物本身 COD 一样,那么计算需氧量所进行的 COD 平衡就得到大大简化。本书在此将采用这个假定。

基于以上几点考虑,以 TSS 为单位的 MLSS 可以用式(2.36)进行计算。其中,惰性颗粒态 COD,即 X_{IO} 替换为惰性悬浮固体,即 $X_{IO,T}$,而产率以 TSS 单位为基础,并用下标 T 表示,即

$$X_{M,T} V = \Theta_C F\left[X_{IO,T} + \frac{(1 + f_D b_H \Theta_C)Y_{H,T}(S_{SO} + X_{SO} - S_S)}{1 + b_H \Theta_C}\right] \qquad (2.36)$$

惰性悬浮固体包括不可生物降解的 VSS 和进水惰性悬浮固体(FSS)。FSS 等于进水 TSS 与 VSS 浓度之差。剩余污泥产量的方程也可以进行类似的变换,得

$$W_{M,T} = F\left[X_{IO,T} + \frac{(1 + f_D b_H \Theta_C)Y_{H,T}(S_{SO} + X_{SO} - S_S)}{1 + b_H \Theta_C}\right] \qquad (2.37)$$

应该认识到,由于 MLSS 和剩余污泥包含了惰性有机固体和 FSS,其 COD 当量 $i_{O/XM,T}$ 将不同于微生物的 COD 当量 $i_{O/XB,TO}$,而是与 $X_{IO,T}$ 及其 COD 当量密切相关。通常,需要利用 $i_{O/XM,T}$ 测定值做反应器系统内 COD 平衡,计算需氧量。因此,计算需氧量最简单的方法就是利用方程(2.38),即

$$RO_H = F(S_{SO} + X_{SO} - S_S)\left[1 - \frac{(1 + f_D b_H \Theta_C)Y_{H,T} i_{O/XB,T}}{1 + b_H \Theta_C}\right] \qquad (2.38)$$

以上方程的应用与反应器构型无关,如 2.2.1 节所述。然而,当设计或评价已经进展到需要用可处理性研究确定模型参数值的程度时,就有必要考虑 MLSS 和氧气在反应器系统内的分布。

3. 基于模型模拟的设计和评价

在设计或评价一个复杂生物处理系统,如生物法去除富营养物质系统时,非常小的不确定性甚至可能导致对出水水质和系统费用非常严重的影响。因此,除了作为更详细研究的出发点之外,再采用简单的基于化学计量学的模型就不合适。由于可处理性研究费用大,尤其是对规模研究,此时采用模型模拟在节省费用方面就显示出极大的优势。

从 IAWQ 报告提供的默认参数值开始,可以用简单模型或者 2.2.1 节介绍的基本原则初步选定一个反应器系统。系统的性能可以用模型模拟进行评价,研究系统构型和运行条件所产生的规律性变化。通过这种方式,可以为实验室试验识别最可行的反应器系统和最敏感的参数。试验结果可以为下一轮模拟提供新的参数值,最后得到一个或者两个最可行的系统构型,以便进行中试规模试验。

4. 出水目标与排放标准

以上所述对动力学和废水特征方面的数据进行收集可以获得对出水水质相对比较准确的估算。但是,也必须认识到工艺性能的内在变化。精确的记录可以得到对一个处理过程平均性能进行准确的预测。相反,有些设施排放标准通常表示为"不超过"这个术语,所以在设计一工艺流程时必须考虑其性能的变化特性。有许多方法可以将对排放的要求转化为对工艺设计的要求。其中通常采用的一个方法是设立比排放标准更严格的出水目标并且考虑处理性能在一定范围内的波动。

有多种方法可以用来选择出水目标,以满足特定的排放标准。有时出水目标是根据废水特征及其处理经验来确定,有时是根据出水水质统计学特点确定,这需要事先知道水质变化的特点及相关数据。另外还有一些方法是通用性的,应用范围比较广泛。Roper 等人就提出了这样一种方法,在此作为例子加以说明。Roper 等人收集了大量实际废水处理设施的出水水质数据,用极端值对平均性能作图。结果发现,两者关联性非常好,基本上呈线性关系。图 2.16 给出了他们所发现的几个直线,说明了排放标准所要求的极端值与由动力学参数和平均工艺负荷预测的系统平均性能之间存在着相关关系。根据图 2.16 的关系可以选择出水目标以满足排放要求。

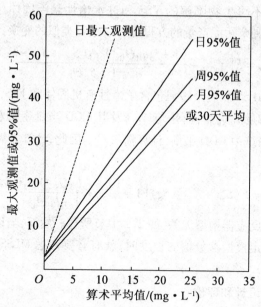

图 2.16　实际废水处理厂中出水 BOD$_5$ 和 TSS 浓度数学平均值与 95% 或者最大浓度之间的关系

5. 最优化

对生物处理工艺的设计和评估做进一步改进属于最优化。其中有多种方法,包括中试研究,更多地了解和分析废水的特点,更详细地分析利用现有系统处理特定废水或者利用相似系统进行处理的运行情况,运用计算机模拟确定系统运行的动力学参数以及进行更详细的工程研究确定工艺成本等。

第3章 废水生物处理附着生长培养系统

前面所讨论的各种生物处理工艺都是悬浮生长式系统,其中微生物均匀悬浮于液相中。其模型的一个假设是系统属于均相,也就是说,所有微生物生存所需的溶解性基质的浓度就是其周围液相中溶解性基质的浓度。虽然大部分悬浮生长式系统中的微生物以絮状颗粒存在,但是并没有考虑颗粒内部的传质作用。如果在动力学试验中采用的生物絮体的物理特征与所模拟系统的特征很接近,则这种方式是可以接受的,原因是絮体颗粒内部的浓度梯度效应已经包括在半饱和系数 K_S 中了。附着生长式反应器的模型更为复杂,所以这一简化的假设不再适用。微生物在这种系统中以附着在固相载体(通常是不可渗透的)上的生物膜的形式生长,基质和其他营养物只能通过传质机理才能到达生物膜内部的细菌。因此,生物膜必须视为非均相系统,需要同时考虑其反应和传质效应。

3.1 附着生长反应器培养系统生物膜的特性

生物膜无论从物理学还是从微生物学的角度来考察都是非常复杂的,因此也就不可能全面地研究其空间的各个方面。

图 3.1 为生物膜系统示意图。生物膜附着在固体载体上生长,这些载体通常是不可渗透的,当然这并非必要,本书只考虑不可渗透载体。固相载体可以是天然材料,如老式滴滤床中的岩石;也可以是合成材料,如现代滴滤床中的塑料填料。其形状可以是填充塔中所用的有皱褶的薄板或流化床中所用小的颗粒。一般而言,生物膜可分为两个区:基膜和表膜。这两部分包含微生物和其他黏附着胞外聚合物的颗粒物的集合物。这些聚合物是由微生物排泄产生的,一般认为与生物絮凝剂所含的聚合物相同。基膜包含一结构化的积聚物,具有很明显的边界。在基膜内的传质一直被视为分子过程(扩散),虽然下面我们会看到这一观点正在改变。表膜提供基膜与液相主体间的传质,其传质以平流为主。基膜与表膜的相对厚度不仅与系统的水力学特点有关,而且还与生物膜中的微生物有关。因此,生物膜可能完全没有表膜,也可能全部都是表膜。一方面,在生物膜与液相主体间存在着正常的相对运动,这一运动依赖于附着生长的构形,例如,在填充塔中液相以薄层的形式流过生物膜,而转盘生物反应器中则是生物膜载体在液相中移动。而另一方面,从液相到生物膜的传质还取决于水力学特征。最后,一些生物膜系统还包含气相,气相提供氧气或集存气相产物。

大部分生物膜系统的数学模型认为表膜的作用可以忽略,而只考虑基膜。而且这些模型通常只考虑含单一生物种类的生物膜,除非它们是专门试图为碳氧化、硝化和反硝化等各种各样的过程建立模型。图 3.2 用来表示这样的生物膜。细菌细胞聚合体处于悬浮状态,就像 Jell - O™色拉中的果实一样。由图 3.2 建立了这样一些概念,进出细菌细胞的基质、营养物、电子受体等的传质都只通过分子扩散作用进行。另一方面,在液相主体和生物膜间的传质主要是平流和湍流扩散。这些概念统治着今天所有的数学模型。

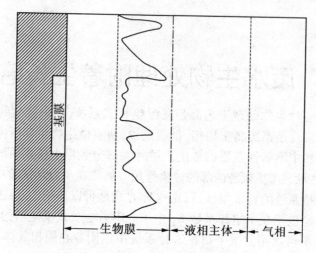

图 3.1　生物膜系统示意图

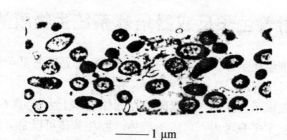

——— 1 μm

图 3.2　由基膜构成的 Pseudomonas aeruginosa 生物膜的扫描电子显微照片

由于新的生物膜研究工具的发展,出现了另一种基膜内部结构图。图 3.3 是基于一些研究者的观察对生物膜这件艺术品从艺术家角度给出的示意图。现在看来生物膜好像是通过胞外聚合物由离散细胞簇相互黏附和离散细胞簇与固相载体黏附所构成的不均匀结构。细胞簇间的空间形成了竖直方向和水平方向的孔隙,竖直方向上形孔,而水平方向上形成沟。因而,生物膜内生物体的分布是不均匀的,且孔隙率和密度分布也是不均匀的。细胞簇是由胞外聚合物黏结起来的微生物聚合体,而孔隙是相对自由的开放结构。孔隙的作用是液体可以自其中流过,这对于生物膜内的传质过程具有深刻的影响,因为传质可通过扩散和平流作用进行,而扩散作用在细胞簇中占主导地位。然而,因为平流传质将物质带到细胞簇,扩散作用从进入细胞簇的各个方向上发生,而不仅仅发生在液相与细胞膜的界面上。另外,细胞簇也有一些小的通道,这就从另一个方面增加了细胞膜的复杂度。最后,诸如基底的纹理、流过生物膜的水流的特性、生物反应器的几何形状等多种因素都会影响所形成的生物膜的不均匀性。这些都表明通常采用单一传质参数,如有效扩散系数来描述基质、电子受体等在生物膜内的传质是不充分的。事实上,多位研究人员已经发现有效扩散系数因生物膜的厚度不同而变化,这与生物膜的结构变化相一致。然而,因为当前大多数生物膜反应器的数学模型都假定生物膜内的传质过程只有扩散作用,且有效扩散系数是常数,所以本书也这样来假定。但读者应认识到这样处理的局限性。当前的数学模型试图考虑扩散系数的变化,这表明在将来模拟生物膜内的传质可能会采用不同的方法。

图 3.3　生物膜示意图

上面的概念性模型是针对简单异养生物膜提出的,该生物膜内的细菌是利用单一的电子供体和单一的电子受体。然而就像异养型细菌和自养型细菌可以同时生长在悬浮生长生物反应器中一样,它们也可同时生长于附着生长反应器中。在这种情况下,生物膜内有不同的电子供体(如有机物和氨氮),但竞争一个电子受体(氧),它们也必须竞争生物膜内的生长空间。生物膜内各种竞争性生物所呈现的空间分布在数学模型上可能会出现几种形式。然而,最理想的方式是假定生物膜内任一点处可以生长各种类型的细菌,而它们最终的分配决定于竞争到的营养和空间,这一点与观察到的现象一致。

通过传统基础生物膜的概念可以看出空间竞争对决定生物膜内竞争物种最终分布的重要性。首先考虑单物种生物膜。因为基质只能通过扩散进入生物膜,在生物膜内存在基质的浓度梯度,如图 3.4 所示。这意味着液相与生物膜界面处的细菌比生物膜内细菌生长要快。然而,像内部生长的细菌一样,它们占据了更多的空间,这使它们更接近于固液表面,远离固相载体。此外,所有的细菌都易于腐烂,这与它们在生物膜内的位置无关,这就导致了生物膜内生物体残骸的累积。生长和腐烂这两个过程作用的最终结果产生了颗粒由内向外的迁移运动,而外部的生物体残骸在水流剪切力的作用下脱落,这就保持了生物膜具有恒定的厚度。然而即使单一物种的生物膜,其活性生物体的分布也是随生物膜的厚度变化而变化的。更确切地说,生物膜的外部以活性生物体为主,而生物膜的内部以生物体残骸为主。图 3.5 所示为其模拟结果。

如果两物种不竞争任何营养物质,而只竞争空间,则它们的最终分布将决定于其在生物膜内各点处的相对生长速度。如两物种,物种 A 和物种 B 依靠不同的基质生长,但应用氧作为同一电子供体。假如氧是过量的,不会对任一物种的生长产生限制。就各自的基质而言,物种 A 较物种 B 有更高的生长速率。物种 A 将在外区占主导地位,而物种 B 将在内区占主导地位。图 3.6 所示为其模拟结果。物种 B 被限制在内区,是因为内区中物种 A 所需的基质浓度降低很快,以至于使得物种 B 与物种 A 生长速度相同,甚至比物种 A 的生长速度还要快些。当两种物种竞争同一资源(如氧气)时,生物体的分布就会变得更为复杂,它取决于资源分配的相对 K_S 值和每一物种对其各自基质的生长动力学。

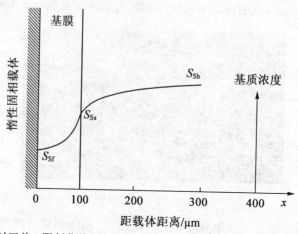

图 3.4　对于单一限制营养物表明典型基质浓度分布的基础生物膜传统示意图

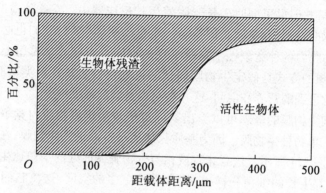

图 3.5　单一物种生物膜中活性生物体和生物体残渣相对分布模拟结果

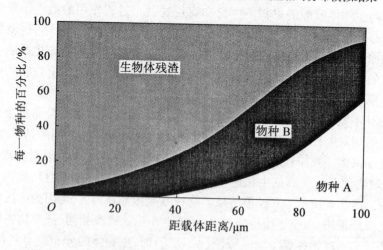

图 3.6　在一双物种生物膜中,当唯一共享的资源是空间时,
快速(物种 A)和慢速(物种 B)生长细菌相对分布模拟结果

　　虽然图 3.5、3.6 非常合理地显示了我们对当前生物膜的理解,但读者应该认识到这仅仅是一个概念模型,它们尚未被直接观察所证实,虽然间接观察表明它们是正确的。然而,

新的显微镜技术使得建立图 3.3 所表达的生物膜的概念模型成为可能。它与新的分子生物学工具的结合也使得收集复杂生物膜内个别物种分布的实验证据成为可能。这些信息将使我们可以首次定性评估多物种生物膜概念模型的精确性。虽然，本书假定这些概念的有效性，但读者应当明白在将来的研究中可能会改变我们的构想。

3.2　传质限制的影响

当前所有的生物膜数学模型都假定生物膜内电子供体、电子受体和所有的营养物质只通过扩散作用传递给微生物。此外，也必须考虑这些物质从液相主体到生物膜的传递。本节将讨论这些过程和对于这些过程的建模方法。这些讨论仅限于单一电子供体（如基质）到某种生物体的传递。这里假定电子受体和所有其他的营养物在液相中有足够高的浓度，因而不会限制生物膜的生长。

3.2.1　生物膜传质过程

设想一被基础生物膜所覆盖的平板，如果将这一平板放入某一基质溶液内，在生物膜表层的基质浓度将低于其在液相主体的浓度，因为生物膜内的生物会消耗基质。而且，由于这一消耗，基质的浓度会随生物膜的厚度继续降低。为了满足这一消耗，基质必须通过分子扩散和湍流扩散作用自液相主体传递到液相与生物膜的界面处，它也必须在生物膜内传递。如上所述，虽然扩散和平流传质在内部传递中都起作用，但现象的模拟表明似乎只有扩散起作用。而这些作用的最终结果就产生了如图 3.4 所示的基质浓度变化图。在这种情况下，观察到的基质消耗速率依赖于生物膜外到膜和膜内的传质速度，以及生物体对基质真实、固有的消耗速率，即无任何传质限制时的真实反应速率。因此，如果作为液相主体内基质浓度的函数来观察生物膜对基质消耗速率，它将不同于当微生物均匀分散在液相中时（因而消除了传质的影响）所测得的基质消耗速率和基质浓度之间的固有关系。因此，传质效果使得生物膜内真实的反应速率关系变得模糊，也使任何企图不考虑传质效应的建模变得徒劳无功。

外部传质的典型建模过程是将液相主体内基质浓度的变化理想化，如图 3.7 所示。基质浓度的变化被限定在一假设的静止厚度为 L_w 的液膜内，基质必须通过这一液膜到达生物膜上。因此，在其余流体内，即液相主体内基质的浓度是恒定不变的。假定所有从液相主体到生物膜的传质阻力都发生在静止的液膜内。

通常有两种方法模拟外部传质过程。

（1）假定通过液层的传质是靠分子扩散完成的，扩散系数为 D_w。在此情况下，厚度 L_w 被定义为仅通过分子扩散所描述的实际传质所要通过的当量液体厚度。因此，通量 J_s，即单位时间通过单位面积的基质的传递量可表示为

$$J_S = \frac{D_w}{L_w}(S_{Sb} - S_{Ss}) \tag{3.1}$$

由于扩散系数是被传递物质的内在特性（假定流体为水），因此用方程（3.1）来描述基质到生物膜的传递速率必须对参数 L 进行评估。它的值必须用测定的通量与相应的扩散系数和浓度梯度从方程（3.1）推导出来。

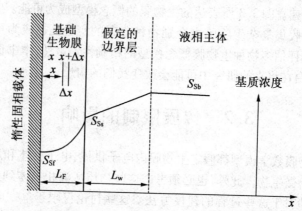

图 3.7　对于单一限制营养物表明一种理想浓度分布的基础生物膜传统示意图

（2）应用液相传质系数 k_L，将所有的扩散与平流传质效应合并成一个参数。在该方法中

$$J_S = k_L(S_{Sb} - S_{Ss})\tag{3.2}$$

其中，k_L 的值也必须由测定的通量和浓度梯度推导出来。比较方程（3.1）和方程（3.2）得

$$k_L = \frac{D_w}{L_w}\tag{3.3}$$

因此，k_L 的测定值可以用来估算 L_w，反之亦然。k_L 和 L_w 的值与流体的性质（如黏度 μ_w 和密度 ρ_w）、基质在液相中的扩散系数、湍流特性有关。其在一定程度上反映了液相主体流经生物膜的速率 v。图 3.8 表明流速如何影响液相主体中的梯度。这里，传输的物质是氧，供生物膜消耗基质用。图 3.8 中带数字的箭头表示的是液体流速对实际边界厚度的影响，因而也就表示对 L_w 和 k_L 的影响。k_L 与系统特性间有很多关联，通常用雷诺（Reynolds）数（$\frac{v\rho_w d}{\mu_w}$）和施密特（Schmidt）数（$\frac{\mu_w}{\rho_w D_w}$）定义，这在有关传质的文章中论及。很多人认为 k_L 随液相流速的平方根的增加而增加。然而，在附着生长反应器中流态是很复杂的，通常有必要通过实验来测定流体速率或其他因素如何影响 k_L，如搅动釜内的搅拌强度或转盘在静止流体中的转速。

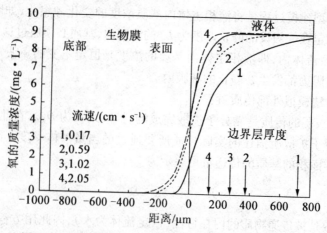

图 3.8　外部传质经过生物膜的流速对边界层厚度的影响

生物膜内的传质可用菲克定律描述，这一定律适用于水溶液中的自由扩散，即

$$J_S = D_w \frac{dS_S}{dx} \tag{3.4}$$

式中, dS_S/dx 为浓度梯度。然而,由前面的讨论可知,生物膜比菲克定律表示的自由扩散要复杂得多。因此,建模者通常采用的作法是保留菲克定律作为控制方程,将其中的扩散系数用有效扩散系数 D_e 替代,即

$$J_S = D_e \frac{dS_S}{dx} \tag{3.5}$$

因为胞外聚合物包围着生物膜中的细胞,因此有效扩散系数通常较自由扩散系数小。然而,一些研究人员测得的有效扩散系数较相应的自由扩散系数大。因而,当方程(3.5)继续用来描述生物膜内的传质时, D_e 不应当只被视为是扩散作用的结果。

确定了生物膜外和生物膜内的传质如何建模后,下一步就是将传质与生物膜内的反应结合起来,以建立主体基质浓度与生物膜内基质去除速率之间的关系。将这些关系与适当的工艺模型结合,以模拟附着生长生物反应器的性能。通常有三种方法可用于生物膜模型与工艺模型的联合建模:①直接法。在直接法中,将描述生物膜反应的微分方程与描述生物反应器的微分方程联立,这一联立方程组必须由数值方法来求解。这一方法通常应用于多个生物物种,并同时发生多个反应,如碳氧化、硝化、反硝化等系统中。②有效因子法。有效因子法假定生物反应器内每一点处的反应速率可以用液相主体浓度所表示的本征反应速率乘以传质影响校正因子(有效因子)来表示。有效因子与系统特征间的关系则可与过程模型的微分方程联立,以模拟生物反应器的行为。③伪解析法。伪解析法在概念上与有效因子法类似,因为它建立了应用于生物反应器模型的反应速率与液相主体基质浓度间的关系。既然是这样,代表生物膜内部传质和反应的微分方程需用数值方法来求解,用其计算结果来建立可进行分析求解的传质与反应间的一般关系式,因而使得这些关系式可与过程方程联立。下面将讨论有效因子法和伪解析法。

3.2.2 对传递和反应过程建模——有效因子法

1. 有效因子

生物膜建模过程中的基本概念是进出液相与生物膜界面的基质的通量一定要等于单位面积生物膜的总利用速率。因某处的基质利用速率取决于该处的基质浓度,由图 3.7 可知,生物膜内各点的基质利用速率各不相同。生物膜的总基质利用速率就必须考虑这一问题,将反应速率对生物膜厚度进行积分。因为这种平均和从液相主体到生物膜表面的传质要求,任何总基质去除速率与主体基质浓度间的关系都有别于本征反应速率对基质去除的表述。然而,以一考虑传质影响的校正因子将基质去除速率表示为主体基质浓度(S_{Sb})的函数常常很方便。这一校正因子被称为有效因子,以符号 η_e 来表示。如果以 Monod 方程来表示比基质去除速率 q 和基质浓度间的内在关系,则该关系可以表示为

$$J_S = \eta_e X_{B,Hf} L_f \left(\frac{\hat{q}_H S_S}{K_S + S_{Sb}} \right) \tag{3.6}$$

式中, $X_{B,Hf}$ 为单位体积生物膜的生物体的质量; L_f 为生物膜厚度。需要注意的是,基质浓度以主体基质的浓度 S_{Sb} 表示。要在不同生物膜反应器的质量平衡方程中使用方程(3.6),就必须知道有效因子 η_e 的值。

η_e的值可通过对生物膜内一微元(图3.7)建立基质质量平衡方程来确定,解此方程可得到进入生物膜内基质的实际通量。这一实际通量可用方程(3.6)来推导系统动力学和传质参数对η_e的影响。如果传质参数包含传递到生物膜和生物膜内两个过程,则有效因子称为总有效因子,以η_{eO}表示。假设图3.7内的生物膜已达到一稳态,具有恒定的厚度L_f和恒定的生物体浓度$X_{B,Hf}$,且当液相主体基质浓度为S_{Sb}时,具有恒定的基质利用速率,则生物膜内一微元基质质量守恒方程为

$$-D_e A_s \frac{dS_S}{dx}\bigg|_x + D_e A_s \frac{dS_S}{dx}\bigg|_{x+\Delta x} - X_{B,Hf} A_s \Delta x \left(\frac{\hat{q}_H S_S}{K_S + S_S}\right) = 0 \tag{3.7}$$

式中,A_s为垂直于扩散方向的传质表面积;x是从惰性固相载体到生物膜的距离。如果D_e是一常数,方程两边都除以A_s和Δx,取Δx的极限为零,则

$$D_e \frac{d^2 S_S}{dx^2} - X_{B,Hf}\left(\frac{\hat{q}_H S_S}{K_S + S_S}\right) = 0 \tag{3.8}$$

这一方程的求解必须要有两个边界条件,一是生物膜与载体间的界面($x=0$),另一个是在液相与生物膜间的界面($x=L_f$)。在生物膜与载体的界面上,没有基质的传递。因为载体是惰性的和不可渗透的。因而,近似的边界条件是:当$x=0$时,有

$$\frac{dS_S}{dx} = 0 \tag{3.9}$$

如前所述,有可能存在一可渗透的载体,显然这要求不同的边界条件,但这一情况此处不考虑。在液相与生物膜界面处的边界条件就更为复杂。而界面处基质的通量必须等于滞液层内的通量。因此,近似的边界条件是:当$x=L_f$时,有

$$J_S = D_e \frac{dS_{Ss}}{dx} = k_L (S_{Sb} - S_{Ss}) \tag{3.10}$$

建立总有效因子η_{eO}方程,要求以方程(3.9)和方程(3.10)作为边界条件求解方程(3.8),给出基质通量J_S,因而得到单位面积生物膜基质去除速率,作为主体基质浓度S_{Sb}的函数。然后将此关系应用于方程(3.6)中,以解得η_{eO}。

为了建立总有效因子和生物膜系统的物理和生化特性间的一般关系,Fink等人以关联的边界条件求解方程(3.8)。他们将两点边界值问题转化为一起始边界值问题。在此过程中,他们用到了下面的无因次量:

$$B_i = \frac{k_L L_f}{D_e} \tag{3.11}$$

$$\varphi = \left(\frac{X_{B,Hf} \hat{q}_H L_f^2}{K_S D_e}\right)^{0.5} \tag{3.12}$$

$$\kappa = \frac{S_{Sb}}{K_S} \tag{3.13}$$

$$\varphi_f = \varphi \left(\frac{1}{1+\kappa}\right)^{0.5} \tag{3.14}$$

式中,B_i是舍伍德(Sherwood)数,被称为毕奥(Biot)数。由于扩散系数被长度除后等于一传质系数,而D_e/L_f项可被视为内部传质系数。因而毕奥数是外部传质速率与内部传质速率的比率。这就意味着,当B_i大时,外部传质系数相对于内部传质系数是很大的,因此所有的

传质阻力可被视为存在于生物膜内。换句话说,传质的外部阻力是可以忽略的。当经过生物膜的流体速度提高时,这种情况就会出现。相反,当 B_i 很小时,所有的传质阻力全都被视为在生物膜以外。当生物膜非常薄时,这种情况就会出现。

φ 是梯勒(Thiele)模数。梯勒模数的物理意义可通过平方后分子和分母都乘以 $(S_{Sb} A_s)$ 并整理后得出,即

$$\varphi^2 = \frac{X_{B,Hf}\hat{q}_H L_f^2}{K_S D_e}\frac{S_{Sb} A_s}{S_{Sb} A_s} = \frac{(A_s L_f X_{B,Hf})(\hat{q}_H/K_S)S_{Sb}}{A_s(D_e/L_f)S_{Sb}} \tag{3.15}$$

其中 $(\hat{q}_H/K_S)S_{Sb}$ 项是 Monod 方程比基质去除速率的一级近似。对于这类一级反应动力学,当细菌周围的基质浓度就是主体基质浓度时,可获得最大可能的去除速率。因此,分子代表了最大可能的一级反应速率。类似的最大可能的扩散速率发生在最大梯度处,因而分母代表生物膜内的最大扩散速率。因此,梯勒模数是最大一级反应速率与最大扩散速率的比值。大的梯勒模数值表示反应速率比扩散速率大,这一情况可称为扩散限制。相反,小的 φ 值表示扩散速率大于反应速率,这一情况称为反应限制。

φ_f 是修正的梯勒模数。参数 κ 要考虑 Monod 方程与一级动力学的偏差,一级动力学是梯勒模数的基础。当基质浓度相对于半饱和系数小时,Monod 方程对于基质浓度可简化为一级反应,这与梯勒模数的基础是一致的。因此,当 κ 值小时,基质的去除速率表现为一级反应,φ 与 φ_f 相等,梯勒模数用于描述反应对于扩散的相对重要性。另一方面,当 κ 值大时,基质浓度相对于半饱和系数就大,Monod 方程不表现为一级反应。在此情况下,与一级反应动力学误差是存在的,φ_f 就会小于 φ。

如图 3.9 所示,Fink 等人的研究结果给出了总有效因子作为这些无因次组的函数。η_{eO} 的值可以用来计算在内部和外部传质同时存在的条件下,进入厚度为 L_f、微生物浓度为 $X_{B,Hf}$ 的生物膜内基质的总通量。因此

$$J_S = \eta_{eO}X_{B,Hf}L_f\left(\frac{\hat{q}_H S_{Sb}}{K_S + S_{Sb}}\right) \tag{3.16}$$

两条 $B_i = \infty$ 的曲线表示外部传质速率比内部传质速率高得多的情况,而 $B_i = 0.01$ 的两条曲线表示外部传质阻力很大而使内部传质速率比外部传质速率快得多的情况。比较两组 B_i 值不同而 φ_f 值相同的曲线,表明外部传质阻力对总有效因子有很强的影响。例如,当 $\varphi_f = 1.0$ 时,B_i 减小为原来的 1/10(从 1.0 变为 0.1),可使总有效因子几乎也减少为原来的 1/10。此外,比较具有相同毕奥数而不同梯勒模数的曲线可表明反应对于扩散的相对重要性。当 $B_i = 0.01$ 时,外部传质系数较内部传质系数小得多,因此,此时为外部传质控制,且反应对扩散的相对重要性对总有效因子的影响很小。因此,对梯勒模数的值 φ 几乎没有什么影响。在此情况下,一方面总有效因子主要由外部传质阻力决定,常被称之为外部有效因子,记为 η_{eE};另一方面,当 $B_i = \infty$ 时,传质过程中没有外部传质阻力,因而反应对扩散的相对重要性对 η_{eO} 有强烈的影响。这一点可由梯勒模数的强烈影响得到证明。在 $B_i = \infty$ 情况下,总有效因子常被称为内部有效因子,记为 η_{eI}。

虽然像图 3.9 这样的图对某些应用很方便,但大多数情况下如能通过分析来确定有效因子会更好些。因此,人们通常在其感兴趣的有限范围内建立函数关系,对于外部有效因子、内部有效因子、总有效因子都已这样做过。例如,在外部传质阻力可以忽略,即 B_i 非常大时,Atkinson 和 Davies 建立了内部有效因子复杂的和简单的两种函数关系,其结果与数值

结果吻合得非常好。

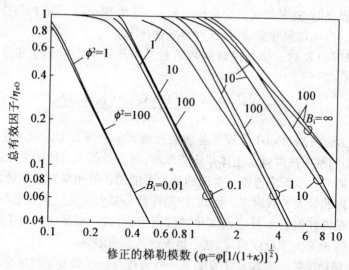

图3.9　具有外部传质阻力的平面生物膜内 Monod 动力学的总有效因子

2. 有效因子的应用

方程(3.16)和图3.9可用来确定生物膜厚度和微生物密度已知的生物反应器的性能。这里以含生物膜的连续搅拌釜式反应器(CSTR)来说明这一过程是如何实现的。

假定一段时间内含生物膜的 CSTR 处于稳态,固体表面生物膜的厚度为 L_f,微生物的浓度为 $X_{B,Hf}$。为保持固定的生物膜厚度,基质消耗产生的细胞必须从界面处脱落而分散于整个液相中,并由生物反应器的出水带出。因为无论是液相主体内的细胞还是生物膜内的细胞都要消耗周围的基质。因此,基质的稳态质量守恒方程为

$$FS_{SO} - FS_{Sb} - J_S A_s - q_H X_{B,Hb} V = 0 \qquad (3.17)$$

式中,J_S 是单位表面积生物膜的基质消耗速率,它等于基质通量;A_s 是反应器内生物膜的表面积;$q_H X_{B,Hb}$ 是单位反应器体积内分散细菌的基质消耗速率;V 是生物反应器体积;F 是进水和出水的流量;S_{SO} 是进水基质浓度;S_{Sb} 是出水或液相主体内基质的浓度。将方程(3.16)替代 J_S 和 Monod 方程替代 q_H,得

$$\frac{1}{\tau}(S_{SO} - S_{Sb}) - \eta_{eO} X_{B,Hf} L_f \left(\frac{\hat{q}_H S_{Sb}}{K_S + S_{Sb}}\right)\frac{A_s}{V} - X_{B,Hb}\left(\frac{\hat{q}_H S_{Sb}}{K_S + S_{Sb}}\right) = 0 \qquad (3.18)$$

式中,τ 为水力停留时间 HRT;$X_{B,Hb}$ 由下式给出:

$$X_{B,Hb} = Y_{Hobs}(S_{SO} - S_{Sb}) \qquad (3.19)$$

假定进水不含任何微生物,方程(3.19)是无微生物循环的 CSTR 内微生物的近似浓度,其中 Y_{Hobs} 是解释生物膜和分散细菌死亡的表观产率。其应用的前提是生物膜仅靠利用基质来增长且生物膜处于稳态。因此,方程(3.18)可以重新写为

$$\frac{1}{\tau} = \eta_{eO} X_{B,Hf} L_f\left(\frac{A_s}{V}\right)\left[\frac{\hat{q}_H S_{Sb}}{(K_S + S_{Sb})(S_{SO} - S_{Sb})}\right] + \frac{Y_{Hobs}\hat{q}_H S_{Sb}}{K_S + S_{Sb}} \qquad (3.20)$$

在给定水力停留时间(HRT)的情况下求解方程(3.20)以确定 S_{Sb} 的值,由于 η_{eO} 的值取决于 S_{Sb},因此需要用迭代法反复逼近。首先必须假定一个 S_{Sb},并从图3.9或关联的近似方程中确定相应的 η_{eO} 初值,然后将此初值代入方程(3.20)解得 S_{Sb},并与假定值比较。如此

循环,直到 S_{Sb} 的假设值与计算值相一致。当主体基质浓度固定于一期望值,而生物反应器的停留时间或单位体积的生物膜的表面积是所求项时,可免去迭代计算。在此情况下,有效因子可直接由图 3.9 确定,并应用方程(3.20)求得。

为了表示外部传质阻力对含生物膜的 CSTR 性能的影响,用方程(3.20)、图 3.9 和表 3.1 中的参数绘制了图 3.10。如表 3.1 中所示,用于获得图 3.10 的 D_{e} 的值非常大(约为 $D_{\mathrm{w}} \times 10^4$),以消除所有的内部传质阻力。共绘制出了三条曲线,其中一条的 k_{L} 值很大,表示无外部传质阻力时的情况,另两条 k_{L} 线可能是实际中会遇到的。这些曲线中的每一条都表示流经生物膜的流体流速发生变化时可能发生的情况。图 3.10(a)表示 k_{L} 值减小将降低微生物膜的活性,因而使得出水中基质浓度比传质阻力小的生物反应器出水要高。图 3.10(b)表示在外部传质阻力系数为 20 cm/h 时,生物反应器内可利用的微生物膜表面积的影响。这里可以看出,更多的生物膜表面积可以去除更多的基质,但当 HRT 变大时,这一影响将减小,这是由于主体基质浓度对有效因子的影响和悬浮微生物对基质的去除作用而引起的。由图 3.10(b)所看出的另一个重要问题是,生物膜的存在阻止了对生物反应器的冲洗作用。$A_{\mathrm{s}} = 0$ 的曲线表示无生物膜时的 CSTR,失效发生在 HRT 稍长于 5 h 内,它使得基质的浓度等于进水的浓度。生物膜的存在保证了在该水力停留时间内大量基质的去除。因此,具有生物膜的 CSTR 可以在远低于普通的 CSTR 中失效的 HRT 时仍能很好地去除基质,且生物膜的表面积越大,达到同样处理效果所需的 HTR 越短。

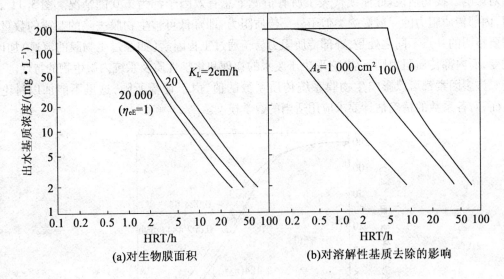

图 3.10　含生物膜的 CSTR 中外部传质

表 3.1　用于绘制图 3.10 和图 3.11 的动力学参数、计量系数和系统变量

符号	单位	值
$\hat{q}_{\mathrm{H}}$	mg 基质 COD/(mg 微生物 COD·h)	0.44
K_{s}	mg/L,以 COD 计	30
Y_{Hobs}	mg 微生物 COD/mg 基质 COD	0.50

续表 3.1

符号	单位	值
k_L	cm/h	如图 3.10（a）所注 图 3.10 中为 20 图 3.11 中为 20 000
D_e	cm²/h	图 3.10 中为 2 484 如图 3.11 所注
D_w	cm²/h	0.248 4
$X_{B,Hf}$	mg 微生物 COD/cm³	32
L_f	cm	0.05
V	cm³	1 000
A_s	cm²	在图 3.10 和 3.11 中为 100
S_{SO}	mg/L COD	如图 3.10(b) 所注,为 200

图 3.11 是用方程 3.20、图 3.9 和表 3.1 内的参数绘制的另一张图,用来说明内部传质阻力的影响。而在此图内,k_L 的值取得很大,以消除所有外部传质阻力。在图 3.10(a) 中,绘制了三条曲线。一条曲线的 D_e 取值非常大,以表示消除了内部传质阻力。实质上此处 k_L 的值与图 3.10(a) 中 k_L 为 20 000 cm/h 的曲线具有相同值,以便比较这两种类型阻力的相对影响。换句话说,此曲线代表了所有情况下总有效因子都为 1.0 的情况。图 3.11 表明,内部传质阻力的一般影响类似于外部传质阻力,即降低可被生物膜去除的基质的数量。需要指明的一点不同之处是,外部传质阻力易于通过工程因素(如经过生物膜的流速)加以改变,而内部传质阻力则不能,它取决于废水的物理和化学性质及系统内微生物的特性。

许多因素都可以影响生物膜系统传质系数的值,由于篇幅所限,这里不能加以讨论。然而,对各系数的精确估计要求应用适当的数学模型。

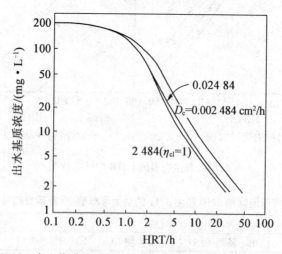

图 3.11　含生物膜的 CSTR 中内部传质对溶解性基质去除的影响

方程(3.16) 也可用于推流生物反应器的基质质量衡算。必须在一无穷小区段内列出质量守恒方程,然后取极限得到沿生物反应器长度描述基质浓度变化的微分方程。在此情况下,因为基质浓度沿生物反应器长度变化,总有效因子也同样沿生物反应器长度变化。

因此需要一关于 η_{e0} 的函数关系式,然后以数值方法来求解该方程。关于这一方法的应用,读者可参考其他文献。然而需要注意的是,推流生物反应器从一端到另一端有效因子的变化是可以求得的。因此,假定有效因子在整个生物反应器中为常数是不恰当的。

在模拟附着生长系统中应用有效因子有很多优点,并已发现它们的合理应用范围很广泛,尤其是在流化床系统的建模中。问题是有效因子的应用要求知道稳态下生物膜的厚度。因而,生物膜和生物反应器的模型必须与获得生物膜厚度的某些方法相联系。此外,在考虑两种营养限制和多种生物种群竞争生长空间时,有效因子方法就变得更为复杂。这类情况用另一种方法处理更为简单,这就是下面要介绍的伪解析法。

3.2.3　对传递和反应过程建模——伪解析法

1. 伪解析法

伪解析法对基质进入生物膜的通量采用简单的代数表达式进行表达。这些表达式是基于对生物膜内描述传递和反应的微分方程数值解的分析而得出的。简单代数方程的应用消除了模拟生物膜反应器性能时需要反复数值求解一系列非线性微分方程组的问题。伪解析算法已为许多研究人员所开发,但 Sáez 和 Rittmann 的算法尤为准确。

伪解析法的一个关键特征是它可以提供主体基质浓度和稳态生物膜厚度的计算。稳态的生物膜是指生物膜内生物体的增长量与微生物衰亡并通过液固界面水力剪切作用而脱落的生物体损失量恰好相等。正因为生长与损失间的平衡,生物膜才能保持均匀的厚度 L_f。纯异养生物膜的厚度为

$$L_f = \frac{J_S Y_H}{(b_H + b_D) X_{B,Hf}} \tag{3.21}$$

式中,b_D 表示因表面剪切导致生物体脱落的损失系数。脱落系数的值随生物膜的剪切强度而变化,而剪切强度依赖于生物膜周围的水力状况。

稳态生物膜的一个重要特性是存在一最低主体基质浓度,低于此浓度生物膜将不能维持。如果主体基质浓度低于此最小值,生长量不足以抵消因衰亡和脱落所致的损失量,生物膜将变薄,直至停留于一可存在的新的厚度。最小主体基质浓度 S_{Sbmin} 可表示为

$$S_{Sbmin} = \frac{K_S(b_H + b_D)}{Y_H \hat{q}_H (b_H + b_D)} \tag{3.22}$$

方程(3.22)与表示 CSTR 内基质可达到的最小浓度方程(3.14)类似。这是因为它们都表示生物体以一定速度生长所需的基质浓度,这一生长速度与衰亡(对生物膜还包括脱落)所致的损失量相平衡。因为 S_{Sbmin} 只由取决于生物量、基质(q_H、K_S、Y_H 和 b_H)和流体状况(b_D)的参数决定,因此在伪解析法中它作为一项指标具有特殊的意义。

用伪解析法解决稳态生物膜动力学问题所依据的方程与有效因子法的方程有所不同,它们是计算生物膜厚度 L 所必需的方程。它们是

$$D_e \frac{d^2 S_S}{dx^2} - X_{B,Hf} \left(\frac{\hat{q}_H S_S}{K_S + S_S} \right) = 0 \tag{3.23}$$

当 $x = 08$ 时,有 $\qquad\qquad \dfrac{dS}{dx} = 0 \tag{3.24}$

当 $x = L_f$ 时,有 $\qquad\qquad S_S = S_{Ss} \tag{3.25}$

$$\frac{\mathrm{d}L_f}{\mathrm{d}t} = \int_0^{L_f} \left[\frac{Y_H \hat{q}_H S_S}{K_S + S_S} - (b_H + b_D) \right] \mathrm{d}x \tag{3.26}$$

$$J_S = D_e \frac{\mathrm{d}S_S}{\mathrm{d}x} \bigg|_{x=L_1} \tag{3.27}$$

$$S_{Sb} = S_{Ss} + \frac{J_S}{k_L} \tag{3.28}$$

式中,t 为时间,其他所有符号同前面的定义。方程(3.28)只是方程(3.2)即通过假定边界层通量的重新整理。在引入一些无因次变量以后,Sáez 和 Rittmann 应用正交配置的数值方法求解了方程(3.23)~(3.28)。对 500 个初始条件进行求解,覆盖了可行解的全部范围,然后其计算结果用来建立伪解析法。

伪解析法求解是基于进入深层生物膜的通量,生物膜与生物载体界面处基质的浓度定义为零。应用深层生物膜作为参考的原因是进入深层生物膜的无因次通量 $J_{S,\mathrm{deep}}^*$ 可被分析计算如下:

$$J_{S,\mathrm{deep}}^* = \{2[S_{Ss}^* - \ln(1 + S_{Ss}^*)]\}^{0.5} \tag{3.29}$$

式中,S_{Ss} 是液相与生物膜界面处无因次基质浓度,即

$$S_{Ss}^* = \frac{S_{Ss}}{K_S} \tag{3.30}$$

因此对于任一 S_{Ss}^* 值,可算得 $J_{S,\mathrm{deep}}^*$,然后,如果可得到 ζ 的表达式,则进入具有该 S_{Ss} 值的实际生物膜的无因次通量 J_S^* 可作为 $J_{S,\mathrm{deep}}^*$ 的某个函数进行计算,即

$$J_S^* = \zeta J_{S,\mathrm{deep}}^* \tag{3.31}$$

进入实际生物膜的无因次通量 J_S 定义为

$$J_S^* = \frac{J_S}{(K_H \hat{q}_H X_{B,Hf} D_e)^{0.5}} \tag{3.32}$$

因此,一旦此无因次通量自方程(3.31)确定,与液相和生物膜界面处基质浓度 S_{Ss} 相关的实际通量 J_S 可由方程(3.32)求得,因为关系式中的所有参数均是已知的。

在建立伪解析法时,Sáez 和 Rittmann 定义了新的无因次组 S_{Sbmin}^*,即无因次最小主体基质浓度。它的值可表示为

$$S_{Sbmin}^* = \frac{S_{Sbmin}}{K_S} = \frac{b_H + b_D}{Y_H \hat{q}_H - (b_H + b_D)} \tag{3.33}$$

S_{Sbmin}^* 因为其物理意义而显得很重要。事实上 $Y_H q = \mu$,这表明 S_{Sbmin}^* 的值表征了生物体损失(因衰亡和脱落而致)与生长的相对重要性。大的 S_{Sbmin}^* 的值(大于1)意味着生物膜内生物体的最大比生长速率小于其比损失速率,生物膜可能很难维持。另一方面,小的 S_{Sbmin}^* 值(小于1)表示相对于生物体的损失具有潜在的高净生长速率,这就使得生物膜易于维持。b_D 值为比脱落系数,它由通过生物膜表面的水流速率决定,因而在工程上可以进行控制。因此,S_{Sbmin}^* 项既表示生物因素,又表示物理因素。由于该项对于伪解析法的重要性就像无因次组对于有效因子法的重要性一样,因此,本书认为应当将其命名为一无因次组,建议用瑞特曼(Rittmann)数来表示,符号记为 Ri,计算公式为

$$Ri = \frac{b_H + b_D}{Y_H \hat{q}_H - (b_H + b_D)} \tag{3.34}$$

因而,瑞特曼数是生物膜内生物体的比损失速率与其潜在的净生长速率之比。如上所述,Ri 值大,说明生物膜难以维持;Ri 值小,说明生物膜容易维持。

Sáez 和 Rittmann 对于 500 种条件的研究结果表明,ζ 可以表示为

$$\zeta = \tan h\left[\alpha'\left(\frac{S_{Ss}^*}{Ri} - 1\right)^{\beta'}\right] \tag{3.35}$$

其中

$$\alpha' = 1.5557 - 0.4117\tan h[\lg Ri] \tag{3.36}$$

$$\beta' = 0.5035 - 0.0257\tan h[\lg Ri] \tag{3.37}$$

可以看出方程(3.35)~(3.37)都与瑞特曼数有关,这说明了为什么在伪解析法中瑞特曼数如此重要。Sáez 和 Rittmann 分别用它计算了 500 种初始条件下进入生物膜的通量,并将结果分别与相同条件下用全数值解得到的结果进行比较,以此来考察伪解析求解法的准确性。误差在一定程度上依赖于瑞特曼数,但标准误差约为 2%,而观察到的最大误差为 2.6%。因而,伪解析法求解十分准确。

简而言之,液相与生物膜界面处基质浓度已知时,求解基质通量可按以下步骤进行。首先,以方程(3.30)将基质浓度转化为无因次量,以方程(3.29)计算流入深层生物膜无因次通量 $J_{S,deep}^*$。然后,以方程(3.34)求得瑞特曼数,由此可自方程(3.35)~(3.37)求得参数 ζ。一旦 ζ 已知,就可由方程(3.31)求得进入生物膜的无因次通量,进而由方程(3.31)求得进入生物膜的实际通量。

2. 伪解析法的应用

在给定液相和生物膜界面基质浓度的条件下,伪解析法可直接计算进入稳态生物膜的基质通量。然而,我们真想得到的是与给定的主体基质浓度相关联的基质的通量,因为主体基质的浓度是可测量的。通过联立方程(3.28)(以无因次形式)与方程(3.29)、(3.31)和(3.40),伪解析法可作此计算,并求得生物膜的厚度,即

$$S_{Sb}^* = S_{Ss}^* + \frac{\tan h\left[\alpha'\left(\dfrac{S_{Ss}^*}{Ri} - 1\right)^{\beta'}\right]\{2[S_{Ss}^* - \ln(1 + S_{Ss}^*)]\}^{0.5}}{k_L^*} \tag{3.38}$$

其中,瑞特曼数 Ri、无因次主体基质浓度 S_{Sb}^* 和无因次外部传质系数 k_L^*,分别由方程(3.34)、(3.39)和(3.40)算得。

$$S_{Sb}^* = \frac{S_{Sb}}{K_S} \tag{3.39}$$

$$k_L^* = k_L\left(\frac{K_S}{\hat{q}_H X_{B,Hf} D_e}\right)^{0.5} \tag{3.40}$$

分别以方程(3.36)和方程(3.37)求得 α' 和 β',方程(3.38)可用牛顿迭代法求得 S_{Ss}^*,此法收敛很快。Sáez 和 Rittmann 推荐以 $Ri + 10 - 6$ 作为 S_{Se}^* 的初值。一旦 S_{Ss}^* 已知,就可由 S_{Ss}^* 的定义式(方程(3.30))求得 S_{Ss}^* 的值。从而可以由方程(3.2)计算进入生物膜的通量 J_s。最终,生物膜的厚度 L_f 可由方程(3.21)求得。

一旦进入生物膜的通量已知,就可很容易地计算出 CSTR 内要求达到主体基质浓度所需要的生物膜面积。这里假设所有基质去除仅仅是由于生物膜的作用,换句话说,悬浮生物体对于基质去除的贡献假设可以忽略不计。通常情况下,对于给定的附着生长生物反应

器的 HRT,这一假设是合理的。在此情况下,基质的稳态质量平衡如下:

$$A_s = \frac{F(S_{SO} - S_{Sb})}{J_S} \tag{3.41}$$

通常采用比表面积表征生物膜介质的性质,即单位体积生物反应器内的表面积 α_s 为

$$a_s = \frac{A_s}{V} \tag{3.42}$$

式中,V 是实际包含生物膜的生物反应器的体积。因而,一旦所需总的表面积已知,就很容易计算所需生物反应器的体积。

在研究的其他系统中,生物膜系统的存在也可使推流或串联池式反应器受益。如将推流系统视为一系列完全混合池的串联,伪解析法也可以用来确定这类系统的性能。尽管要求模拟推流反应器的串联池的数目因水力特性而定,但一般情况下将此数目取为 6 已足够。不管考虑的情况如何,都应当假定串联池的数量和每个串联池的体积。自最后的反应池和要求达到的出水基质的浓度出发,可以计算进入生物膜的通量。一旦通量已知,就可确定用此介质可以处理的进水有机物的浓度。因最后一池的进水为上一池的出水,因此重复前面的程序可确定上一池的进水中有机物质的浓度。如此重复计算,直至求得第一池的进水基质浓度。如果计算所得进水浓度恰好等于已知的进水浓度,则该系统具有合适的大小。如果计算所得进水浓度大于已知浓度,则该系统较要求大,应减小每一池的体积并重复此计算(为安全起见,多余的体积是可以接受的)。如果求得的进水基质浓度较已知值小,则此系统太小,必须以更大的每一池的体积重复计算。

虽然计算的程序是简明的,但需要重复地求解方程(3.38)是很繁琐的。因而 Heath 等基于标准化负荷曲线提出了一种更简单的方法。

3. 标准化负荷曲线

图示的方法奠定了标准化负荷曲线法进行生物膜反应器分析和设计的基础。Health 等以伪解析法来求解与各种主体基质浓度相关联的基质通量。这种计算在许多条件下进行,并通过主体基质浓度相对于 S_{Sbmin} 的标准化和通量相对于基准通量 J_{SR} 的标准化,将结果以一般化的形式表示出来。因为对于生物膜的通量近似等于进入单位生物膜基质的速率,即负荷,因此曲线称为负荷曲线。基准通量恰好是要求保持一定厚度的稳态生物膜的最小通量。为了计算方便,此通量被定义为 $\zeta = 0.99$ 时由方程(3.31)求得的通量值。如图 3.12 所示,基准通量取决于瑞特曼数,通过 Ri 对 J_{SR}^*/Ri 作图,得到其一般化的形式,此处以与 J_S 同样的方式将 J_{SR} 化为无因次量,如方程(3.32)所示。可以由已知的瑞特曼数,通过图(3.12)得到相应的 J_{SR}^*,再用方程(3.32)求出相应的物理量 J_{SR} 值。

标准化的负荷曲线以固定的 Ri 和 k_L^* 值绘制。如前所述,因为瑞特曼数十分重要,因此它被作为一个参数。因为无因次的外部传质系数 k_L^* 代表生物膜外部的传质阻力,因而被选为第二个参数。由方程(3.40)可以看出,如果 k_L^* 较大(大于 10),外部传质阻力相对于反应和内部传质阻力不起作用。相反,当 k_L 较小时(小于 1),外部传质阻力可能会在生物膜性能中起重要作用。图 3.13 ~ 3.17 分别表示 R 值为 0.01、0.1、1、10、100 时标准化的负荷曲线图。应当注意到,$S_{Sb}/S_{Sbmin} = S_S^*/Ri$,$J_S/J_{SR} = J_S^*/J_{SR}^*$。

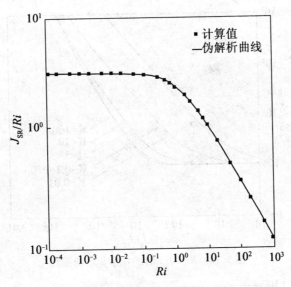

图 3.12 由瑞特曼数确定无因次基准通量 JSR 曲线

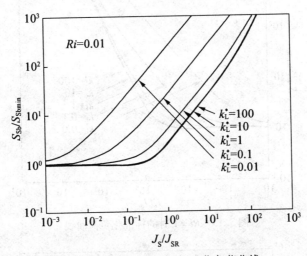

图 3.13 $Ri = 0.01$ 时的标准化负荷曲线

对于完全混合生物反应器或生物反应池中的生物膜应用标准化负荷图非常简单明了。在一给定状况下,以方程(3.34)计算 Ri 的值,以图 3.12 来确定无因次基准通量 J_{SR}^*。然后应用最接近 Ri 值的标准化负荷曲线图,再由 k_L^* 决定所用的曲线。如果对于所计算系统的 Ri 和 k_L^* 无确切曲线对应时,可用插入法。由要求达到的主体基质浓度 S_{Sb},可求得 S_{Sb}/S_{Sbmin} 的值,并由合适的曲线确定 J_S/J_{SR}(或 J_S^*/J_{SR}^*)的值。因为 J_{SR}^* 的值是已知的,J_S 的值就确定了。而后方程(3.41)可用来计算所需的生物膜面积 A_s,并用方程(3.42)来计算相应的生物反应器体积。这就给出了单一 CSTR 的直接求解过程。对于推流系统可近似为一系列串联的完全混合池,采用如前讨论的迭代程序进行计算。

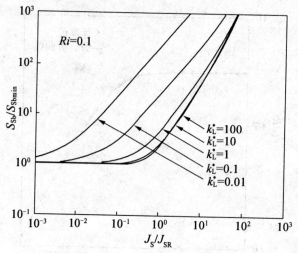

图 3.14　$Ri = 0.1$ 时的标准化负荷曲线

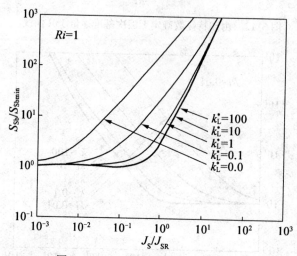

图 3.15　$Ri = 1$ 时的标准化负荷曲线

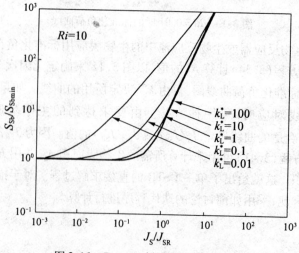

图 3.16　$Ri = 10$ 时的标准化负荷曲线

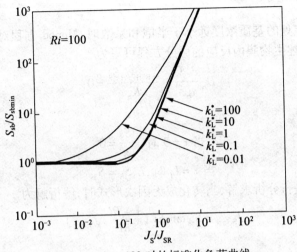

图 3.17 $Ri = 100$ 时的标准化负荷曲线

4. 参数估算

伪解析方法应用之前,模型中的参数值必须是已知的。因 Monod 动力学参数表示无传质限制时微生物的动力学,因此,理论上可以采用由悬浮生长培养所确定的动力学参数。但是,生物膜内微生物的增长改变了其生理状态,因此,实际上应该采用生物膜生长的生物体来确定参数。有两种方法可以选择:一种方法是基于稳态实验;另一种方法是基于瞬态实验。由于篇幅所限,故此处对这些方法不做介绍,但读者应意识到这一点,需要测量生物膜的动力学。

3.2.4 传质过程和反应的建模——限制条件下的求解

虽然模拟传质和反应的伪解析法可以大大简化进入稳态生物膜的通量的计算,但它仍未求得生物反应器质量守恒的准确解。然而,许多情况下直接计算生物反应器内主体基质浓度是有好处的。因此,一些研究人员提出,对于一些限制情况可简化假设以得到准确的分析解。对于稳态生物膜有四种限制情况。

1. 深层生物膜

可以对进入深层生物膜的通量直接求解,其中固相与生物膜间界面处基质的浓度为 0。在此条件下,无因次通量由较早提出的方程(3.29)求得。其应用导致了对于每一液相与生物膜界面基质浓度具有不同的通量。

2. 全渗透生物膜

全渗透生物膜中基质浓度随生物膜深度的变化可以忽略不计。换句话说,整个生物膜内的基质浓度与液相和生物膜界面处的基质浓度几乎相同。假定整个生物膜内 $S_{Sf} = S_{Ss}$,可以得到分析解。

$$J_{S,fp}^{*} = \left(\frac{S_{Ss}^{*}}{1 + S_{Ss}^{*}} \right) L_{f}^{*} \tag{3.43}$$

此处,L_f^* 可用下式求得:

$$L_{f}^{*} = L_{f} \left(\frac{\hat{q}_{H} X_{B,Hf}}{D_{e} K_{S}} \right)^{0.5} \tag{3.44}$$

3. 一级生物膜

当生物膜内各点处的基质浓度远小于半饱和系数时,Monod 方程对于基质浓度可近似为一级方程,因此描述生物膜内反应的微分方程可写为

$$D_e \frac{d^2 S_S}{dx^2} - \frac{X_{B,Hf} \hat{q}_H S_S}{K_S} = 0 \tag{3.45}$$

边界条件为

$$\text{当 } x = 0 \text{ 时}, \frac{dS_S}{dx} = 0 \tag{3.46}$$

$$\text{当 } x = L_f \text{ 时}, L, S_S = S_{Ss} \tag{3.47}$$

方程(3.45)可进行分析求解,当转化成无因次形式时,解析解为

$$J_{S,first}^* = S_{Ss}^* \tan h\left[\left(\frac{1+Ri}{Ri}\right) J_{S,first}^*\right] \tag{3.48}$$

4. 零级生物膜

当生物膜内各点处的基质浓度远大于半饱和系数时,Monod 方程对于基质浓度可近似为零级反应。这使得描述稳态生物膜内反应的微分方程又可写为

$$D_e \frac{d^2 S_S}{dx^2} - X_{H,Bf} \hat{q}_H = 0 \tag{3.49}$$

以方程(3.46)和方程(3.47)为边界条件时,以无因次形式表达,该方程的解为

$$J_{S,zero}^* = L_f^* \tag{3.50}$$

5. 其他情况

理论上零级或一级反应生物膜可能是深层渗透或完全渗透的。在这种情况下,这两种要求都必须满足。既不是一级又不是零级的生物膜称为 Monod 生物膜。既不是深层膜又不是全渗透膜的生物膜称为浅层膜。

6. 误差分析

如果所遇到的情况满足简化假设,限制情况下的求解是比较精确的。如果不满足,其应用就会导致较大的误差。因而,在应用之前必须确保在限制情况下的求解是适合的。为便于评估,Sáez 和 Rittmann 对限制情况求解进行了误差分析,并绘制出图3.18。图中表明对于稳态生物膜限定条件求解与伪解析法求解的误差小于 1.0%。由图可以看出一些要点。首先,全渗透生物膜很难达到,只有当 $Ri > 10$ 时,即相对生长潜力很低时才可能出现,这表明全渗透情况只能在很有限的范围内应用。当 Ri 数很小时,为一级生物膜,但 Monod 生物膜所覆盖的 Ri 值很广。事实上,Monod 深层区可以扩展到一级深层区,因为一级动力学仅仅是 Monod 动力学的一种限制形式,而深层生物膜方程更为简单明了。然而最重要的一点也许是在很大的范围内,即在 Monod 浅层区,必须采用完全伪解析法,该区覆盖了大部分 Ri 值预期的范围。

总之,尽管文献中有一些限制条件下求解的例子,但大部分仅应用于非常有限的条件下,除此之外就是深层生物膜的情况。因此,方程(3.29)代表了最有用的限制情况解。然而,对于实际范围的 Ri 值,许多问题要求应用完全伪解析法求解。

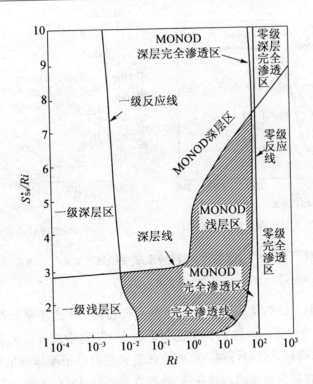

图 3.18 对于稳态生物膜限定情况求解与完全伪解析法求解的误差小于 1.0% 的各种情况，每一设有
　　　　阴影的区域都表示一种限定情况的解，标示为 Monod 浅区的阴影区域表示在此条件下没有一
　　　　种限定情况解是准确的

3.3 多种限制性营养物的影响

在好氧系统中生物膜内电子受体(如氧)的浓度很可能会降到很低的水平，以至于生物体成为既受电子受体的限制，又受电子供体的限制。大多数生物膜系统就是如此，液相主体内氧的最大浓度被限制为饱和浓度，此饱和浓度与大气压有关，为 8 ~ 10 mg/L。而且，在一些附着生长的反应器内，液相主体内氧的浓度可能远低于饱和浓度。

溶解氧浓度对于生物膜性能的重要性由图 3.19 可清楚地看出。图中描述的生物膜生长以氨氮为唯一电子供体，因此硝化菌占主导地位。前面已经看到，对于氧来说，硝化菌具有比较高的半饱和系数，因而它们的活性受到溶解氧浓度的强烈影响。生长后，将生物膜放入实验池，在液相主体溶解氧浓度各不相同的情况下，用微电极测定氨氮、硝态氮和溶解氧的变化。由图 3.19 可见，当液相主体溶解氧的质量浓度高时(15 mg/L)，氨氮的消耗先于氧。然而，当液相主体内的溶解氧降低时，氧在生物膜的浅层区就被消耗，因而限制了氨氮转化为硝态氮。这表明，为了准确描述生物膜内的基质去除，必须同时考虑电子受体和电子供体的浓度。

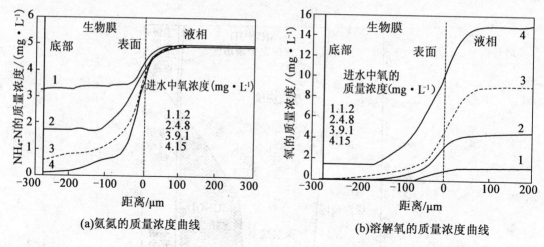

(a)氨氮的质量浓度曲线　　　　　(b)溶解氧的质量浓度曲线

图3.19　在主体液相不同溶解氧浓度下,硝化生物膜中氨氮浓度曲线和溶解氧的质量浓度曲线

　　双营养物质限制系统的建模要求在电子供体和电子受体的速率方程中采用相互作用的双 Monod 动力学表达式。两种速率通过方程(3.34)按化学式计量关系联立。更重要的是,它要求同时考虑两种组分的传递。这就意味着必须对电子受体列出另一个像方程(3.8)一样的质量守恒方程及相关的边界条件,并与基质的质量守恒方程一起求解。此边界条件类似于方程(3.9)和方程(3.10),但必须针对电子受体。而且,对应于此方程和边界条件的扩散系数和传质系数也必须针对电子受体。因为参数的增加,这套方程组不能应用有效因子法和伪解析法,而必须对每种情况采用数值方法求解。

　　因为双营养物质限制下的系统建模很复杂,当生物膜仅由电子供体限制或电子受体限制时,对于双营养物质限制下的系统建模问题只有无相互作用的双基质模型(方程(3.47))表达,而此方程不能准确表达两种限制营养物的效应。而且,这一问题是相当复杂的,以至于答案缺乏直观感。因而,此时不可能像仅受电子受体或电子供体限制的生物膜那样建立明晰的解决方法。然而,可以说明的是,当液相主体内一种营养物质的无因次浓度相对于另一种营养物质的无因次浓度在计量学上相对过量时,可以认为量少的那一组分是唯一的限制因素。在好氧环境中,仅在溶解氧饱和且基质浓度低的稀溶液中,才可将电子供体作为速度限制基质。生物膜反应器的一个重要应用对就是污染地下水的处理和饮用水中痕量有机物的去除。因为这两种情况常常为基质浓度很低的稀溶液,所以单基质生物膜模型可以足够准确地描述它们。此外,因为厌氧和兼氧系统中通常有很高的电子受体浓度,因此较高的电子供体浓度可以被视为速率限制因素,而应用单基质生物膜模型。然而,因为有效因子法和伪解析法具有很多优点,必须应用双基质模型时的问题有待更系统的研究。

3.4　多物种生物膜

　　到现在为止,本章所考虑的所有模型都只考虑基于单一电子供体的单物种细菌。此外,它们仅考虑一种类型的电子受体。然而正如我们所看到的,在悬浮生长系统中,如果有机碳和氨氮同时存在,且环境条件适当,则异养菌和自养菌会同时生长。另外,如果电子供体存在但环境自好氧转化为缺氧,兼性异养菌可以改变它们电子受体的性质。我们已看到,随生物膜厚度的增加,氧的浓度会减少,甚至可以接近零。因此,如果硝酸盐存在,反硝化可以在生物膜内部发生。换句话说,诸多悬浮生长系统中存在的可能性,在附着生长系统中也存在。因而,为了使模型得到普遍的应用,应当考虑所有的可能性。

生物膜内很多过程的模拟要比悬浮生长系统复杂得多,这有多方面的原因。首先,必须同时考虑传递和反应。我们已经看到了如何处理在液相主体内单一电子供体和电子受体的情况。将这些概念延伸到液相主体内多种电子供体和电子受体并不复杂,只是增加了必须求解的微分方程的数量。然而必须认识到,当生物膜中电子受体如亚硝态氮和硝态盐氮同时产生时,传质自产生点可以向任一或两个方向发生,这取决于浓度梯度的状况。这一点在方程中也必须加以考虑,使得方程有些复杂化。多物种生物膜建模复杂化的另一原因是不同物种间会同时竞争同一电子受体。自养菌要求以分子态的氧作为电子受体,而异养菌也会优先于亚硝态氮和硝态氮用分子态的氧作为电子受体。然而,前面我们提到,对于氧来说异养菌较自养菌有更低的半饱和系数。这意味着异养菌能够降低生物膜内氧浓度至自养菌不能生长的程度。这使得自养菌处于不利条件,限制了其生长范围。可是,使得复杂化最重要的一点也许来自于生物膜内空间的竞争。悬浮生长系统内的生物体呈均匀分布,其损失量与其浓度成比例。换句话说,所有的生物体有同样的停留时间。在附着生长系统内则不然,生物体生长于固相载体的外面,在液相与生物膜界面上因脱落而去除,界面的更新在任何多物种模型中都应加以考虑。此外,我们在图 3.6 中看到,整个生物膜上生物体的分布并不均匀,这就意味着不同类型的细菌在生物膜内有不同的停留时间,在构建模型时必须考虑这种情况。

Rittmann 和 Manem 建立了仅仅竞争空间的 i 种细菌的稳态生物膜模型,每种细菌都利用其特有的电子供体 S_{Si},而且电子受体的浓度不是速率限制因素。在多物种生物膜内,任一物种的密度(包括生物体残渣,X_D)都是总生物体密度 X_{Bf} 的一个分数 f_{Xbi},即

$$X_{B,if} = f_{Xbi} X_{Bf} \tag{3.51}$$

式中,$X_{B,if}$ 是生物膜内某点处 i 物种的密度,而 X_{Bf} 假定为常数(因此,X_{Df} 可以视为 $X_{B,if}$ 的某一个值)。密度的总和必须等于总密度,因而

$$\sum_{j=0}^{n} f_{Xbi} = \sum_{i=1}^{n} \left(\frac{X_{B,if}}{X_{Bf}} \right) = 1 \tag{3.52}$$

式中,n 是总生物种类数。在一固定的生物膜控制体积内,由物种为 i 的稳态质量恒算可得

$$\frac{df_{Xbi}}{dx} \sum_{i=1}^{n} \int_{1}^{x} (\mu_i - b_i f_D) f_{Xbi} dx = (\mu_i - b_i f_D) f_{Xbi} - f_{Xbi} \sum_{i=1}^{n} (\mu_i - b_i f_D) f_{Xbi} \tag{3.53}$$

式中,不在积分内的 f_{Xbi} 和 μ_i 值仅对位置 x 而言,f_D 是成为生物体残渣的活性生物体的分率,速率系数 b_i 是传统的衰亡系数;μ_i 是第 i 种生物体的比生长速率。例如,如果物种 1 是异养菌,则 μ_1 就是 μ_H;如物种 2 为自养菌,则 μ_2 就是 μ_A。方程(3.53)的边界条件表示任一

物种均无进入附着表面的通量：

$$J_X = 0 \tag{3.54}$$

对于稳态生物膜，由于基质利用，所有物种的生长量恰好等于脱落和衰亡的损失量。对于多物种，可写成

$$\sum_{i=1}^{n} (J_{Si} Y_i) = X_{Bf} \left[b_D L_f + \sum_{i=1}^{\pi} \int_0^{L_f} (f_{Xbi} f_D b_i) \, dx \right] \tag{3.55}$$

对多物种生物膜的生长和基质利用建立模型时，此方程可取代方程(3.26)。该方程可与 i 种基质中的每种具有相关边界条件的方程(3.23)联立。

Rittmann 和 Manem 用 S_{Sbmin} 的概念来确定两物种是否可能同时存在。首先用方程 (3.22)计算每物种的 S_{Sbmin}。主体基质浓度最接近于其 S_{Sbmin} 值的物种，其在生物膜内存在的能力是值得怀疑的，此物种就定义为物种2。物种2与物种1在生物膜内共存必须满足两个条件。首先，它必须在生物膜内的某处具有净正的比生长速率。因此，在生物膜的某处有

$$S_{S2} > \frac{K_{S2} b_2}{\hat{q}_2 Y_2 - b_2} \tag{3.56}$$

其次，它必须具有足够快的比生长速率，以使它可以与物种 2 竞争空间。因为 $S_{Sb1} / S_{Sbmin1} > S_{Sb2} / S_{Sbmin2}$，因此，物种 2 与物种 1 竞争的最有利位置接近附着面，此处 S_{S1} 最低。因为附着面处 $J_x = 0$(方程 3.54)，对于物种 2 方程(3.53)可写为

当 $x = 0$ 时，有

$$f_{Xb2} \left[(\mu_2 - b_2) - \sum_{i=1}^{n} f_{Xbi} (\mu_i - b_i f_D) \right] = 0 \tag{3.57}$$

由于物种 2 的存在 f_{B2} 必须大于零，因而方程(3.57)中方括号内的项必须等于零。因此

$$\mu_{2as} - b_2 = b_C \tag{3.58}$$

其中

$$b_C = f_{Xb1as} (\mu_{1as} - b_1 f_D) + f_{Xb2as} (\mu_{2as} - b_2 f_D) \tag{3.59}$$

式中，下标 as 指位置在附着面处；b_C 项称为竞争系数。在共存的极限条件下，f_{Xb2as} 接近于零，此时 b_C 变成

$$b_C = f_{Xb1as} (\mu_{1as} - f_D b_1) \tag{3.60}$$

要得到恰恰允许两物种共存的基质 2 在液相主体内的最小浓度，必须使在附着面上物种 2 的比生长速率满足方程(3.58)。因而

$$S_{Sbmin2C} = \frac{K_{S2} (b_2 + b_C)}{\hat{q}_2 Y_2 - (b_2 - b_C)} \tag{3.61}$$

式中，b_C 由方程(3.60)定义。换句话说，可以用单一基质、单一物种模型来估算 μ_{1as}，使得 b_C 得以定量，从而也使得 $S_{Sbmin2C}$ 定量。如果 S_{b2} 大于此值，两物种将可以在生物膜内共存。

方程(3.61)表明，它类似于表示单一物种生物膜的方程(3.22)，只是将 b_D 换成了 b_C。这是因为在共存条件限制下，物种 2 被物种 1 保护而免于脱落，但必须生长的足够快以与物种 1 竞争空间。对于物种 1 生物膜很厚的特殊情况，即在 $x > 0$ 处 $S_{S1} = 0$，f_{XB1as} 接近于零，这

使得 b_C 接近于零。在这种情况下，$S_{Sbmin2C}$ 为

$$S_{Sbmin2C} = \frac{K_{S2} b_2}{\hat{q}_2 Y_2 - b_2} \tag{3.62}$$

这与未经脱落的单一物种生物膜相同。当生物膜对于基质 1 全渗透时，f_{XBlas} 接近于 1，b_C 接近于 b_D，$S_{Sbmin2C}$ 可由 S_{Sbmin} 的标准方程(3.22)给出。对于介于全渗透生物膜和深层生物膜之间的所有情况，$S_{Sbmin2C}$ 将从方程(3.22)给出的值逐渐降低至方程(3.62)给出的值。因此，对于物种 1 所具有的厚生物膜保护物种 2 免于脱落，并降低了其有效的 S_{Sbmin} 值。

上面的分析表明，假定 $b_C < b_D$，生长缓慢的物种可以被保护而免于损失。在本分析中要注意的一点是，这里假定两物种不竞争电子受体。如果不是这样，两物种在生物膜内的比生长速率也将受到电子受体浓度分布和其相对半饱和系数的影响。这使得分析大大复杂化，很难像如上所做的那样提出一简单的标准。用相互作用的双 Monod 方程，即方程(3.46)，表示电子受体和电子供体对每种微生物的比生长速率的影响。正如国际水质协会(IAWQ)活性污泥 1 号模型(ASM)那样，假设硝化作用一步完成。以表 3.2 中的动力学和化学计量学系数对问题进行分析得出如图 3.20 所示的结果。位于 H 区的液相主体可降解COD 和氨氮浓度的任何组合都将导致全异养生物膜，并无硝化作用发生。这表明生物膜中硝化作用只发生在液相主体内的有机物去除之后。存在于 A 区的任何组合，都将产生全自养生物膜，这表明全自养菌生物膜是很罕见的。最后，位于 AH 区的主体液相 COD 和氨氮浓度的组合将导致硝化和碳氧化同时发生的双物种生物膜。然而，与给定的氨氮浓度相关的主体液相 COD 浓度越大，异养菌对生物膜的贡献也就越大。

表 3.2 用于绘制图 3.20 的动力学参数、计量系数和系统变量

符号	单位	值
$\hat{\mu}_H$	h^{-1}	0.20
$K_{O,H}$	mg/L，以 O_2 计	0.10
b_H	h^{-1}	0.008 3
K_{NH}	mg/L，以 N 计	1.0
Y_A	mg 微生物 COD/mgN	0.22
D_{es}	cm^2/h	0.035
D_{eO}	cm^2/h	0.073
K_S	mg/L，以 COD 计	5.0
Y_H	mg 微生物 COD/mg 基质 COD	50.40
$\hat{\mu}_A$	h^{-1}	0.040
$K_{O,A}$	mg/L，以 O_2 计	0.10
b_A	h^{-1}	0.002 1
D_{eN}	cm^2/h	0.062

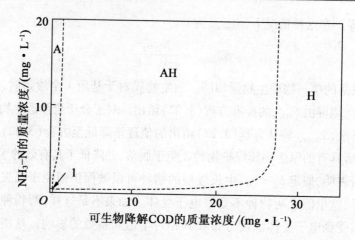

图 3.20　主体流体中氨氮和可降解 COD 的质量浓度对生物膜中自养和异养生物体共存的影响

第二篇 "活性污泥－生物膜"处理废水复合工艺

第4章　连续流悬浮生长制氢工艺

4.1　厌氧发酵制氢直接可控影响因素分析

在厌氧发酵生物制氢的过程中,一些因素(如温度、pH 值和水力停留时间等)的变化会对系统的产氢效能起着至关重要的作用。因此,为了探讨厌氧发酵制氢系统的产氢效能,我们首先采用间歇和连续流方式,考察了直接可控影响因素温度和水力停留时间(HRT)对厌氧发酵生物系统产氢效能的影响,为后续研究提供基础。

4.1.1　温度

温度是影响微生物生存及生物化学反应最重要的因素之一。温度不仅对微生物的生存及筛选竞争有着显著的影响,而且对生化反应速度的影响也极为明显。

利用间歇试验,考察了温度对产氢量的影响(图 4.1)。当温度在 30 ~ 35 ℃范围内变化时,产氢速率和产氢量随着温度的提高而增加,并在温度为 35 ℃时,分别得到最大产氢速率(5.74 L/(h·L))和产氢量(2.66 mol/mol)。然而,当温度继续提高时,产氢速率和产氢量出现明显下降的趋势。由此可以看出,过高的温度会抑制产氢菌群的活性,因此,温度控制在 35 ℃左右时,厌氧发酵生物制氢系统内微生物的产氢代谢活性最高。

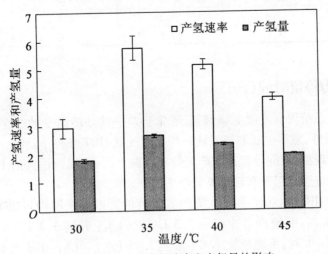

图 4.1　温度对产氢速率和产氢量的影响

图 4.2 为温度对生物量的影响。当温度从 30 ℃提高到 35 ℃时,生物量随着温度的提高而增加;然而当温度进一步从 35 ℃增加到 45 ℃时,生物量开始下降。当温度为 35 ℃时,最大生物量为 16 g/L,这也部分地说明了当温度为 35 ℃时,产氢量较高。因此可以认定,当温度为 35 ℃时,微生物自身合成代谢活性较高。

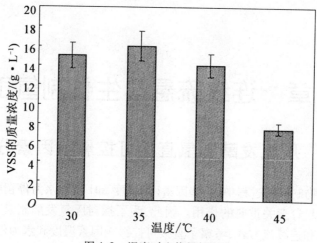

图 4.2　温度对生物量的影响

表 4.1 为温度对液相末端发酵产物组分及含量的影响。研究结果表明,在温度由 30 ℃ 升高到 35 ℃时,各液相末端发酵产物产量都有所增加;然而,当温度进一步增加到 45 ℃时, 各液相末端发酵产物产量都有所下降。这可能是由于温度为 35 ℃时,系统内微生物代谢 活性较高,可以较好地利用有机底物转化成各种液相末端发酵产物。然而,温度过高抑制 了微生物的代谢活性,各液相末端发酵产物的产量都有所下降。

表 4.1　温度对液相末端发酵产物组分及摩尔浓度的影响

温度/℃	乙醇/(mmol · L⁻¹)	乙酸/(mmol · L⁻¹)	丙酸/(mmol · L⁻¹)	丁酸/(mmol · L⁻¹)
30	7.25	16	1.85	9.4
35	20.2	40.7	3.4	13.2
40	12.6	39.2	2.7	12.5
45	9.3	19.8	2.6	10.1

4.1.2　水力停留时间(HRT)

利用悬浮生长系统厌氧发酵生物制氢,通常会对一些环境因子的改变而非常敏感(如 pH 值或 HRT)。另外,悬浮生长制氢系统在高负荷或低 HRT 条件下运行,会遇到系统内生 物量随出水流失的现象,从而导致系统产氢效率下降。因此,保持适宜的 HRT 对厌氧发酵 制氢系统的高效稳定运行起着非常重要的作用。

图 4.3 所示为 HRT 对悬浮生长系统产氢效能的影响。从图中可以看出,当 HRT 从 12 h 逐步减少到 6 h 时,系统产氢速率由 1.3 L/(h·L)上升到 3.2 L/(h·L)。然而,当 HRT 进一步减少到 4 h 时,系统产氢速率下降到 1.95 L/(h·L)。由于此时系统进水 COD 浓度保持 4 000 mg/L 不变,因此,HRT 的降低意味着系统负荷的增加。通常来说,如果厌氧 发酵生物制氢反应器内的产氢微生物菌群能够抵挡住由于 HRT 的降低而引起的负荷冲击, 那么,系统的产氢速率会随着 HRT 的下降而增加。然而,当 HRT 进一步减少到 4 h 时,系 统内生物量由于 HRT 过低而大量流失(图 4.4),导致系统产氢速率下降到 1.3 L/(h·L)。 适度降低 HRT 可以增加系统产氢效率,但 HRT 过低时会导致系统生物量的大量流失,从而

降低系统的产氢能力,因此,当 HRT 为 6 h 控制时,悬浮生长制氢系统产氢效能最大。

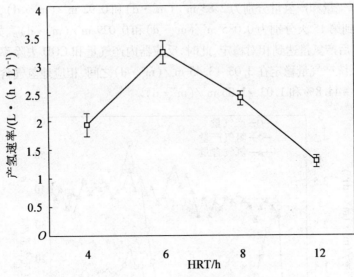

图 4.3　HRT 对悬浮生长制氢系统产氢速率的影响

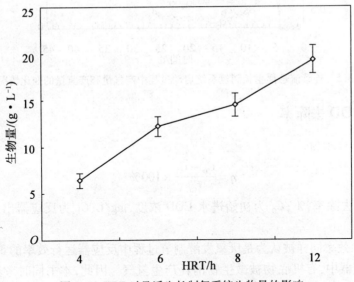

图 4.4　HRT 对悬浮生长制氢系统生物量的影响

4.2　连续流悬浮生长制氢工艺的建立

4.2.1　启动过程中产气和产氢量的变化情况

产气和产氢量通常被认为是评价发酵制氢过程效率的重要因子。图 4.5 所示为悬浮生长制氢系统启动及污泥驯化过程中,系统产气和产氢量的变化情况。系统产氢速率的差异主要是由于微生物菌群结构不同及进水 COD 浓度变化造成的。由于接种的好氧曝气预处理污泥需要一定时间的驯化以适应反应器内部厌氧环境,因此,反应器在启动初期的产气量和氢气含量都相对较低。检测反应器上部空间发现,在反应器启动前 4 天并没有氢气产生。反应器启动到第 5 天时,产气量和产氢量分别为 2.85 $m^3/(m^3 \cdot d)$ 和 0.92 $m^3/(m^3 \cdot d)$,随后产气量和产氢量逐步下降到第 15 天分别为 0.085 $m^3/(m^3 \cdot d)$ 和 0.029 $m^3/(m^3 \cdot d)$。如图 4.5 所示,反应器运行 30 d 后产氢量达到相对稳定,此时,反应器内产气量和 COD 去除率也同时达到相对稳定。最终,系统产气量稳定在 3.03 ~ 3.45 $m^3/(m^3 \cdot d)$ 之间,相应地氢气含量和产氢量分别稳定在 37.5% ~ 44.8% 和 1.03 ~ 1.33 $m^3/(m^3 \cdot d)$。

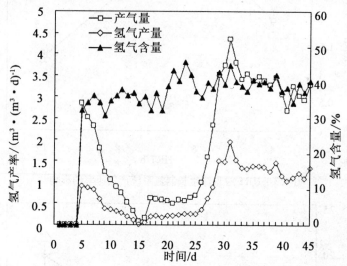

图 4.5　连续流悬浮生长制氢系统启动过程中产气量和产氢量的变化情况

4.2.2　COD 去除率

COD 去除率表示为

$$\eta = \frac{C_0 - C_1}{C_0} \times 100\% \qquad (4.1)$$

式中,η 为 COD 去除率,%;C_0 为初始进水 COD 浓度,mg/L;C_1 为反应器出水 COD 浓度,mg/L。

　　COD 的去除效率同样被认为是厌氧发酵制氢过程中反应器运行效率的重要指标之一。在生物制氢反应器中,有机底物被微生物消耗产生氢气。因此,本书同时考察了在生物制氢反应器运行过程中,系统 COD 的去除效率(图 4.6)。在反应器启动初期,由于接种的好氧预处理污泥活性较高以及絮状污泥的吸附作用,COD 去除率较高。反应器启动 1 d 后,进水 COD 浓度和出水 COD 浓度分别为 4 280.8 mg/L 和 2 529.5 mg/L。由于进水 COD 浓度的变化以及微生物逐步适应反应器内部环境,直到反应器启动运行至 35 ~ 45 d 时,系统 COD 逐步稳定在 22% 左右。从图 4.5 和图 4.6 可以看出,当进水 COD 浓度逐步增加时,伴随着 COD 去除率的提高,产氢量逐渐增加。虽然较高的初始进水 COD 浓度有利于提高氢气产量,然而过高的出水 COD 浓度将导致微生物量的流失,这是因为较高的进水 COD 浓度将产生较多的酸性物质(挥发酸)引起系统内部 pH 值的下降,从而抑制微生物的生长及絮凝作用。

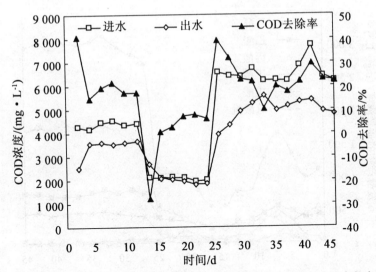

图 4.6 连续流悬浮生长制氢系统启动过程中进出水 COD 及 COD 去除率的变化情况

4.2.3 液相末端发酵产物

早期的研究表明,pH 值、ORP、有机负荷等因素可以明显地影响厌氧发酵产氢量。这些因素的变化不仅影响系统的产氢能力,同样可以影响微生物菌群结构和发酵代谢类型。厌氧发酵产氢的同时会产生大量的挥发酸,而挥发酸的成分和含量通常被用作监控产氢效率的重要指标。

图 4.7 描述了在反应器启动运行过程中,液相末端发酵产物的组成及含量。当反应器运行到第 25 天时,液相末端发酵产物由初始的 537 mg/L 增加到 1 334 mg/L。随着进水 COD 浓度的提高以及微生物对系统内部的逐渐适应,液相末端发酵产物产量逐渐增加并稳定在 2 718 ~ 3 147 mg/L。在反应器启动前 20 天内,液相末端发酵产物主要为乙醇、乙酸、丙酸和丁酸,质量浓度分别为 360.9 mg/L、333 mg/L、213 mg/L 和 102.3 mg/L,这表明在此启动阶段反应器内部为混合酸发酵代谢类型。在后续的启动运行过程中,乙醇和乙酸的产量明显增加,而丙酸和戊酸的含量逐步下降。在反应器启动完成阶段,乙醇、乙酸、丙酸、丁酸和戊酸的质量浓度分别稳定在 1 710.6 ~ 1 788 mg/L、707.7 ~ 771.5 mg/L、8.2 ~ 26.9 mg/L、425 ~ 473.5 mg/L 和 5.2 ~ 39.8 mg/L。其中乙醇和乙酸为 2 556 mg/L 左右,占总液相末端发酵产物的 83% 左右,为典型的乙醇型发酵代谢类型。

任南琪研究表明,乙醇型发酵为两相厌氧产酸发酵的最优选择。同丁酸型发酵和丙酸型发酵相比,乙醇型发酵代谢类型更具优势:①乙醇可作为后续发酵产甲烷的较好的底物;②乙醇型发酵能够得到更多的产氢量;③乙醇型发酵能够在系统 pH 值低于 4.5 稳定运行,这样发酵制氢反应器能够保持在较高的有机负荷条件下运行。这将增加产酸相反应器的处理效率,而不是通过添加其他碱性物质来调控反应器内部的 pH 值。

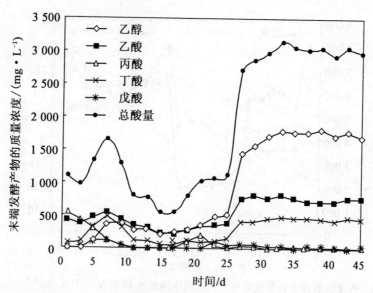

图 4.7　连续流悬浮生长制氢系统启动过程中液相末端发酵产物组分及含量的变化情况

4.2.4　pH 值

pH 值对发酵产氢系统产氢效率起到关键性作用。pH 值不但影响代谢酶活性和发酵途径,而且能进一步改变营养供给和有害底物的毒性作用,尤其是对废水而言。发酵制氢适宜的 pH 值是不同的,这主要是由于在不同进水 COD 浓度下形成不同的微生物代谢菌群。

图 4.8 所示为反应器启动过程中 pH 值的变化情况。进水 pH 值从 6 到 7.97 之间变化,而出水 pH 值在 3.23 到 4.57 之间变化。在出水 pH 值低于 4.0 时,可以观察到系统的产氢能力逐步下降。因此,pH 值为 4.0 通常被认为是厌氧发酵生物制氢的下限值。这一研究结果同任南琪的研究结果一致。这表明过低的 pH 值抑制了微生物产氢活性。因此,为了保持厌氧发酵制氢系统的产氢效率,系统 pH 值应当保持在 4.0 以上。反应器运行到第 35 天以后,系统的 pH 值逐步稳定在 4.04 ~ 4.22,这一 pH 值有利于乙醇型发酵的形成和稳定。

4.2.5　氧化还原电位(ORP)

在厌氧发酵过程中,pH 值对于发酵类型以及产氢量都起着至关重要的作用。然而,氧化还原电位(ORP)同样对发酵类型以及发酵产物有着明显的作用。在反应器启动初期,ORP 逐渐从 -230 mV 逐步下降到 -433 mV,并在第 28 天稳定在 -397 ~ -430 mV,这一 ORP 范围有利于乙醇型发酵的形成。在厌氧发酵系统中,ORP 通常受到 pH 值的影响。然而,由于 CSTR 反应器为连续流运行,并且 pH 值始终处于变化状态,因此,很难得出明显的 ORP 与 pH 值的线性关系。

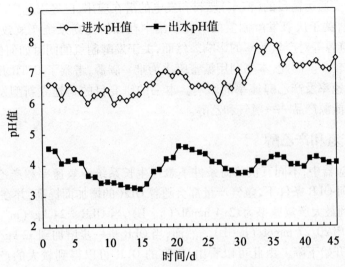

图 4.8　连续流悬浮生长制氢系统启动过程中进出水 pH 值的变化情况

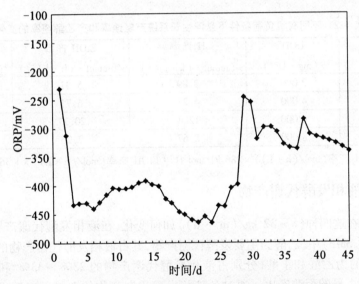

图 4.9　连续流悬浮生长制氢系统启动过程中 ORP 的变化情况

4.3　厌氧发酵制取氢气和乙醇

近年来,随着传统化石能源的逐渐枯竭,世界各国对可替代能源的研究兴趣日益增加。微生物具有转化生物质(包括废物废水)为有价值的液体或者气相物质的潜能。2003 年 3 月,一项新的欧盟指令已确定,即在今后几年里,在运输部门扩大使用生物燃料。生物燃料的生产将有助于处理农产品的过剩以及进一步为减少二氧化碳的释放做出贡献。乙醇既可作为汽油燃料的补充以用作运输,又可作为生物制取柴油的底物。因此,生物质原料转化为生物乙醇和/或生物柴油成为当今生物能源技术的研究热点。另一方面,由于氢气的高热量、可循环再生和无污染等优点,被认为是未来理想的清洁能源。而且,在最近十年,氢气以及它作为交通运输目的(汽车)燃料和发电的潜在应用,已经引起广泛关注。

到目前为止,关于厌氧发酵制氢的研究多集中在如何提高系统产氢效率的研究,如搅拌速率、pH 值、氮源等对产氢效率的影响。然而,关于发酵制氢的同时如何保持相对较高的乙醇产量的研究较少。因此,本书利用糖蜜废水为唯一碳源,考察了 CSTR 反应器中有机负荷(OLR)对产氢速率及产乙醇速率的影响。本书的研究目的是建立新型发酵技术生产两个最关键的生物能源产品——氢气和乙醇。

4.3.1　产氢和产乙醇

在 CSTR 反应器中,不同有机负荷条件下悬浮生长系统产氢速率和产乙醇速率的变化见表 4.2。在任何 OLR 条件下,氢气产量都会随着 OLR 的增加而提高,并在 OLR 达到最大 24 kg/m³d 时得到最大产氢速率为 12.4 mmol/(h·L)。当 OLR = 24 kg/(m³·d)时,同样得到最大产乙醇速率 20.27 mmol/(h·L)。然而,当 OLR 进一步增加到 32 kg/(m³·d)时,产氢和产乙醇速率开始下降。由此可以看出,较高的 OLR 可以得到较大的产氢和产乙醇速率,然而,过高的 OLR 将抑制产氢和产乙醇菌群的活性。

表 4.2　不同有机负荷条件下悬浮生长系统产氢速率和产乙醇速率的变化

OLR /(kg·(m³·d)⁻¹)	COD /(mg·L⁻¹)	H₂产率 (mmol·(h·l)⁻¹)	EtOH 产率 /(mmol·(h·L)⁻¹)	能量回收率① /(kJ·(h·L)⁻¹)
8	2 000	2.89	5.31	8.08
16	4 000	4.23	6.71	10.37
24	6 000	12.4	20.27	31.23
32	8 000	8.67	7.23	12.35

①能量回收率 = H₂产率(mol/(h·L)) × 286 kJ/mol H₂ + EtOH 产率(mol/(h·L)) × 1 366 kJ/mol EtOH

4.3.2　液相发酵代谢产物

无论 OLR 在这四种(8 ~ 32 kg/(m³·d))如何变化,在液相发酵代谢产物(Soluble Microbial Products,SMP)中,乙醇为主要发酵代谢产物,其占液相发酵代谢产物的 31% ~ 59%。其次含量较多的为乙酸和丁酸,分别占液相发酵代谢产物的 23% ~ 33% 和 11% ~ 20%。同时,还检测到少量的丙酸产生。通过各液相发酵代谢产物的含量可以看出,在任何 OLR(8 ~ 32 kg/(m³·d))条件下,本研究的培养驯化环境有利于产氢菌群的形成和代谢,这是因为在高效产氢系统中,乙醇往往是占主导地位的产物(反应式(4.2))。理论上丁酸型发酵 1 mol 葡萄糖可以产生 2 mol 氢气(反应式(4.3)),这一理论值同乙醇型发酵相同。然而,丁酸型发酵代谢类型具有转化成丁醇代谢,而丁醇的产生是要消耗氢气,因此,乙醇型发酵同丁酸型发酵在制氢方面更具优势。不同有机负荷条件下悬浮生长系统液相末端发酵产物组分及含量的变化见表 4.3。

当 OLR 由 24 kg/(m³·d)增加到 32 kg/(m³·d)时,液相发酵代谢产物中丙酸的含量由 0.8% 增加到 18%,此时,产氢速率由 12.4 mmol/(h·L)下降到 8.67 mmol/(h·L)。这一研究结果同 Wang 报道的丙酸型发酵具有较低的产氢能力(反应式(4.4))。

$$C_6H_{12}O_6 + 2H_2O + 2NADH \longrightarrow 2CH_3CH_2OH + 2HCO_3^- + 2NAD^+ + 2H_2 \qquad (4.2)$$

$$C_6H_{12}O_6 + 2H_2O \longrightarrow CH_3CH_2CH_2COO^- + 2HCO_3^- + 2H_2 + 3H^+ \qquad (4.3)$$

$$C_6H_{12}O_6 + 2NADH \longrightarrow 2CH_3CH_2COO^- + 2H_2O + 2NAD^+ \tag{4.4}$$

表 4.3　不同有机负荷条件下悬浮生长系统液相末端发酵产物组分及含量的变化

OLR /(kg·(m³·d)⁻¹)	COD /(mg·L⁻¹)	TVFA /(mg·L⁻¹)	SMP /(mg·L⁻¹)	HAc /SMP /%	HBu /SMP /%	HPr /SMP /%	EtOH /SMP /%	TVFA /SMP /%
8	2 000	593	1 069	33	11	6.8	44	55.47
16	4 000	773	1 375	32	17	3	44	56.21
24	6 000	1 225	3 042	23	14	0.8	59	40.26
32	8 000	1 441	2 089	24	20	18	31	68.98

注:HAc:乙酸;HBu:丁酸;HPr:丙酸;EtOH:乙醇;TVFA(总的挥发酸)=HAc+HBu+HPr;SMP:溶解性有机物(SMP=TVFA+EtOH)

产氢量和产乙醇量的关系从图 4.10 中可以看出,无论在这四种 OLR 条件下,产氢量同产乙醇量呈现出正相关。产乙醇速率(y)同产氢速率(x)之间的线性方程可以表述为

$$y = 0.543\ 1x + 1.681\ 6\ (r^2 = 0.761\ 7)$$

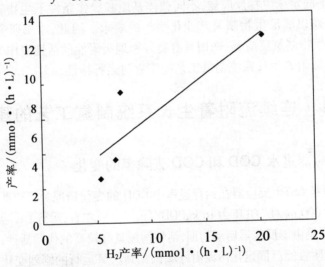

图 4.10　悬浮生长发酵制氢系统中产氢速率同产乙醇速率的线性关系(点:试验数据;曲线:数据线性回归方程表明变化趋势)

4.3.3　能量转化率

由于本研究的发酵系统中可以制造出大量的液态和气态的生物燃料(如氢气和乙醇),根据其燃烧热值计算来自两个生物燃料的组合能量转换过程中的效能。如表 4.2 所示,系统能量转化率(Energy Conversion Rate,ECR)随着 OLR 由 8 增加到 24 kg/(m³·d)而增加,这是相当明显的,因为氢气和乙醇产率随着 OLR 的增加而增加。当 CSTR 反应器的 OLR 为 24 kg/(m³·d)时,系统最大能量转化率为 31.23 kJ/(h·L),这种差异可能是由于微生物代谢菌群和结构不同导致的。从能量转化方面来看,能同时制氢气和乙醇要优于制取其他生物燃料。而且,由于氢气和乙醇处于不同阶段,因此提取这两种生物燃料相对来说会更加容易,这为后续工艺的处理节省资金,更具经济效益。

第5章 连续流附着生长系统制氢工艺

目前,对于厌氧发酵法生物制氢的研究,主要集中在各类环境因子尤其是 pH 值对氢气产量的影响方面。然而,如何在厌氧发酵制氢反应器内保持较多的产氢菌群是发酵法生物制氢稳定运行的关键。Yokoi 等人以葡萄糖为底物对产气肠杆菌 HO－39 菌株进行的非固定化试验中,获得了 120 mL/(h・L) 的产氢率。采用多孔玻璃作为载体对菌体进行固定(反应器有效容积为 100 mL)时,产氢率提高到 85Q mL/(h・L) (HRT = 1 h),较非固定化细胞产氢率提高了 7 倍。Palazzi 等研究了在填料塔反应器内,用纯培养菌 *Enterobacter aerogenes* 附着生长在混合的多孔玻璃珠,以淀粉水解制氢。Kumar 和 Das 用固定在木素纤维素上的微生物细菌 *Enterobacter cloacae*,以可溶性淀粉为底物,连续制氢。Chang 等和 Lee 等研究了在适温条件下固定床生物反应器,不同载体基质和操作条件下生物制氢。以上研究多集中于间歇实验,难以满足生物制氢产业化生产的要求。因此,本书研究了以糖蜜废水为底物,利用 CSTR 生物制氢反应器,选用具有良好物理吸附性的活性炭作为活性污泥附着生长载体,考察连续流附着生长系统制氢工艺的建立与运行特性。

5.1 连续流附着生长系统制氢工艺的建立

5.1.1 反应器进水 COD 和 COD 去除率的变化

图 5.1 反映的是 CSTR 反应器在运行过程中 COD 的变化情况。反应器启动后,控制进水 COD 质量分数为 4 000 mg/L(OLR 为 16 kgCOD/(m^3・d))左右,运行 1 d 后,COD 去除率高达 66.28%,一方面,这是由于反应器启动初期,活性污泥具有较高的代谢活性;另一方面,是由于载体具有良好的吸附性能。固定化污泥由好氧驯化到厌氧运行的剧烈变化,导致固定化污泥的代谢活性下降,另外,载体的吸附饱和,致使 COD 去除率迅速下降到 30% 左右。此时,反应器系统内的过酸状态(pH 值为 3.5)严重抑制了微生物的代谢活性,COD 去除率在第 5 天下降到 18.59%。随着进水 COD 浓度下降到 2 000 mg/L (OLR 为 8 kgCOD/(m^3・d)),反应器内过酸状态得到缓解,微生物代谢活性逐渐恢复,表现为 COD 去除率上升并稳定在 23% 左右。反应器运行到第 13 天,有机负荷升高到 24 kgCOD/(m^3・d),COD 去除率迅速提高到 53.98%,通常有机负荷的提高会引起反应系统受到一定的负荷冲击,从而导致微生物代谢活性下降,而本试验在有机负荷提高到 24 kgCOD/(m^3・d)时却有较高的 COD 去除率,分析认为,在有机负荷条件为 8 kgCOD/(m^3・d)时,难以满足微生物的代谢需求,因此,有机负荷提高后,COD 去除率也迅速提高而不是下降;另一方面,在低负荷条件下,微生物会以吸附在载体上的有机物为代谢底物,从而使载体重新具有一定的吸附能力,也是导致 COD 去除率较高的原因。然而有机负荷的提高导致挥发酸的大量产生,系统 pH 值迅速下降,导致一部分微生物不适应而死亡,COD 去除率降低到 11.25%。虽然反应器在后期运行过程中,通过投加 NaOH 的方式使出水 pH 值上升到 4 以上,反应系统内 COD 去除率稳定在 12%,并无明显上升。

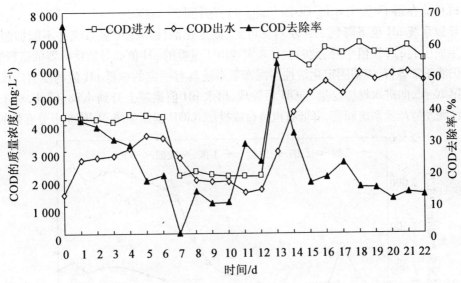

图 5.1　附着生长制氢反应器启动过程中 COD 质量浓度的变化情况

5.1.2　液相末端发酵产物的变化

从液相末端发酵产物检测结果分析(图 5.2),反应器启动初期,由于溶解氧和氧分子的存在,反应器属于兼性厌氧环境,而产丙酸菌群适应兼性厌氧环境,使丙酸产量较高,达到 328.09 mg/L。然而载体在好氧挂膜时,大量氧分子进入载体孔隙中,在厌氧运行阶段,这些氧分子慢慢释放出来,需要一定的时间才能被微生物所消耗利用,因此,丙酸含量直到第 4 天才有明显的下降。系统有机负荷在第 7 天由 16 kg COD/(m³·d)下降到 8 kg COD/(m³·d),液相末端产物总量下降到 773.3 mg/L 左右。随着微生物对厌氧环境的逐渐适应,反应器在运行第 12 天后达到相对稳定状态,液相末端发酵产物总量为 1 079.68 mg/L。有机负荷在第 13 天的 8 kg COD/(m³·d)提升到 24 kgCOD/(m³·d),液相末端发酵产物总量由 1 366.14 mg/L 增加到 2 205.58 mg/L,其中,乙醇的质量分数增加尤其明显,由 542.92 mg/L 增加到 791.16 mg/L。在反应器的后续运行过程中,乙醇含量在 895.69 ~ 1 095.56 mg/L 之间波动,乙酸的含量则维持在 764.64 ~ 874.77 mg/L 范围内,而丙酸的含量仅为 18.6 ~ 35.46 mg/L,丁酸为 168.86 ~ 250.93 mg/L,戊酸的含量为 14.72 ~ 26.8 mg/L。作为乙醇型发酵目的产物的乙醇和乙酸含量占液相末端发酵产物总量的 89%,形成典型的乙醇型发酵。

5.1.3　pH 值的变化

在 CSTR 反应器运行过程中,进水 pH 值、出水 pH 值的变化如图 5.3 所示。试验结果表明,反应器启动过程的进水 pH 值基本都在 5.95 ~ 6.85 之间变化,进水 pH 值的波动对反应系统的影响不大。生物制氢反应器启动 1 天后,由于活性污泥中的微生物还没有完全适应反应体系的环境,产酸发酵作用较弱,系统的出水 pH 值不是很低,达到 4.92。随着污泥对环境条件的逐渐适应以及启动采用的较高有机负荷,其发酵作用也较强,产生了大量的挥发酸,在第 2 ~ 6 天出水 pH 值迅速下降,在第 5 天达到了 3.5。由于有机负荷在第 7 天由起始的 16 kg/(m³·d)下降到 8 kg/(m³·d),系统出水 pH 值逐渐上升并稳定在 4.14 左右,可见,对于固定化活性污泥发酵产氢系统,降低有机负荷是提高反应器 pH 值的有效方式。有机负荷在第 13 天由 8 kg COD/(m³·d)提升到 24 kgCOD/(m³·d)后,挥发酸的大量产生导致系统 pH 值下降到 3.5 左右。可见,固定化活性污泥产氢系统并不能抑制由挥发酸产生而引起的 pH 值下降,此时也并未发现由于过低的 pH 值而导致反应器的运行失败,反应器仍能正常运行,表明固定化活性污泥产氢系统具有一定的抗低 pH 值的能力。反应器运行到第 20 天,向进水投加定量 NaOH 后发现,出水 pH 值迅速上升到 4.28,因此,对于固定化活性污泥发酵产氢系统而言,降低有机负荷或投加 NaOH 提高系统 pH 值是十分有效的。

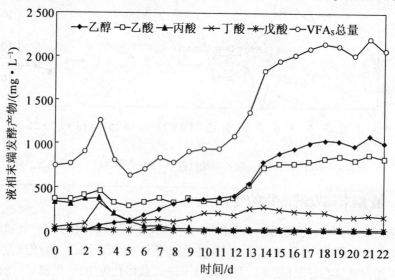

图 5.2　附着生长制氢反应器启动过程中液相末端发酵产物组分及含量的变化情况

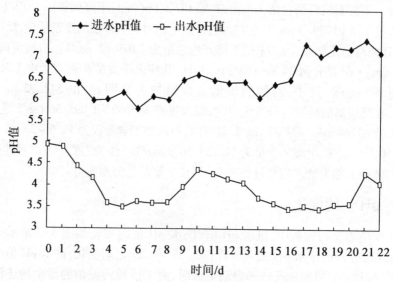

图 5.3　附着生长制氢反应器启动过程中进出水 pH 值的变化情况

5.1.4　ORP 的变化

氧化还原电位(ORP)对微生物生长生理、生化代谢均有明显影响。生物体细胞内的各种生物化学反应,都是在特定的氧化还原电位范围内发生的,若超出特定的范围,则反应不能发生,或者改变反应途径。

图 5.4 为固定化活性污泥发酵产氢系统 ORP 的变化情况。反应器启动后,ORP 很不稳定,并有上升趋势,反应器运行到第 7 天时,ORP 从起始的 -483 mV 逐渐上升到 -337 mV,这是因为固定化污泥曝气培养、好氧挂膜及接种至反应器的过程中,反应器内部会存在一定的氧分子和溶解氧,而在厌氧阶段,这些氧分子和溶解氧需要经过一段时间才能被系统中的微生物所消耗利用,因此反应器启动初期,系统内的厌氧程度较低。在后续运行阶段,随着厌氧环境的逐渐形成,ORP 逐渐稳定在 -420 mV 左右,直至反应器乙醇型发酵优势菌群的建立。因此,在启动过程中无需对反应系统的 ORP 进行人为的调节,只要系统的厌氧环境得以保证,通过微生物的生理代谢活动,反应系统能够自然地达到较低的氧化还原电位。

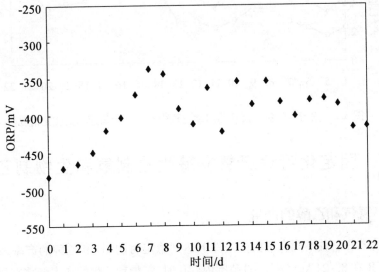

图 5.4 附着生长制氢反应器启动过程中 ORP 的变化情况

5.1.5 产气和产氢的变化

对于固定化活性污泥发酵制氢系统而言,产气量和产氢量是衡量厌氧发酵效果好坏的一个重要指标。图 5.5 所示为附着生长制氢反应器启动过程中产气和产氢速率的变化情况。启动初期,由于反应器内溶解氧的存在,反应器内兼性污泥和厌氧污泥保持较高的代谢活性,前 3 天的累积产气量达到 25.67 L。固定化活性污泥发酵产氢系统在经历了过低的 pH 值后,产氢量和产气量随 pH 值的上升而提高,尽管有机负荷在第 7 天由 16 kg COD/($m^3 \cdot d$) 下降到 8 kg COD/($m^3 \cdot d$),产气量和产氢量依然增加,分别增加到 7.7 L/d 和 3.72 L/d。虽然系统 pH 值在第 10 天时上升到 4 以上,产气量和产氢量分别下降到 5.89 L/d 和 2.85 L/d。分析认为,有机负荷降低后并没有马上出现产气量和产氢量下降的情况,这是由于固定化微生物菌群利用附着在载体上的有机底物进行发酵,2 d 后才出现产气量和产氢量下降的情况,虽然这时系统的 pH 值在 4.0 以上,微生物代谢活性恢复,而产气量和产氢量的下降是由于底物浓度降低而引起的。有机负荷在第 13 天提高到 24 kg COD/($m^3 \cdot d$) 后,产气量和产氢量都呈现上升趋势,并在第 17 天时分别达到最大值 11.88 L/d 和 6.06 L/d。系统在 14~20 d 时 pH 值在 3.4~3.7 范围内波动,而系统产气量和产氢量在第 18 天时开始下降,可见固定化活性污泥发醇产氢系统可有效抗低 pH 值冲击,但是抗低 pH 值冲击能力是有限的。系统 pH 值在 20 d 时上升到 4.0 以上,固定化微生物代谢活性恢复较快,产气量和产氢量上升并分别稳定在 10.6 L/d 和 5.9 L/d 左右。

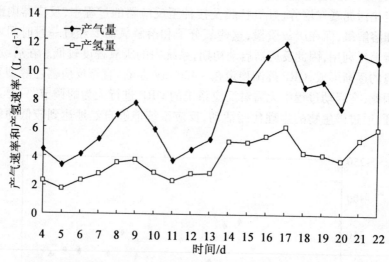

图 5.5　附着生长制氢反应器启动过程中产气和产氢速率的变化情况

5.2　固定化污泥厌氧发酵生物制氢和生物制乙醇

5.2.1　氢气和乙醇的产量

CSTR 反应器在三种不同有机负荷条件下达到稳定时的 H_2 和乙醇的产率及产能速率见表 5.1。当 OLR 在 $8 \sim 24 \text{ kg/(m}^3 \cdot \text{d)}$ 范围内变化时,氢气和乙醇的产率随着有机负荷的增加而增加,并且在有机负荷为 $24 \text{ kg/(m}^3 \cdot \text{d)}$ 时分别得到最大的产氢率($10.74 \text{ mmol/(h} \cdot \text{L)}$)乙醇产率($11.72 \text{ mmol/(h} \cdot \text{L)}$)。

生物燃料(氢气和乙醇)产量的差异是由于污泥在混合培养过程中,不同微生物群落代谢机理不同造成的。因此,不同底物浓度下形成不同的产氢菌群,产生的液相代谢产物也会不同。

表 5.1　以糖蜜废水为碳源,在不同 OLR 条件下, CSTR 反应器达到稳定时氢气和乙醇的产率及产能速率

OLR /(kg · (m³ · d)⁻¹)	COD /(mg · L⁻¹)	H_2 产率 /(mmol · (h · L)⁻¹)	EtOH 产率 /(mmol · (h · L)⁻¹)	产能速率[①] /(kJ · (h · L)⁻¹)
8	2 000	5.76	4.23	7.42
16	4 000	7.68	6.04	10.44
24	6 000	10.74	11.72	19.08

①产能速率 = $H_2(\text{mol/(h} \cdot \text{L)}) \times 286 \text{ kJ/mol } H_2$ + $\text{EtOH(mol/(h} \cdot \text{L)}) \times 1\,366 \text{ kJ/mol EtOH}$

5.2.2　液相产物的组分

表 5.2 所示为 CSTR 反应器在不同 OLR 的条件下达到稳定时,液相末端发酵产物的组

分及含量。尽管 CSTR 反应器在不同 OLR 条件下运行,在液相末端发酵产物(SMP)中的主要产物都为乙醇占 38.3% ~48.9%。其次是乙酸和丁酸,分别占 SMP 的 36.6% ~41.5% 和 8.4% ~21.5%。同时,也产生少量的丙酸,占 1.2% ~2.4%。液相末端代谢产物的组分说明,在不同的 OLR 条件下,本研究的培养条件有利于微生物发酵产氢,这是因为在高效产氢系统中,乙醇是主要的液相代谢产物。

　　H_2 和乙醇的产率关系如图 5.6 所示,尽管在不同的 OLR 条件下运行,氢气和乙醇生产速率都呈正相关。线性方程结果表明,乙醇产率(y)和 H_2 产率(x)可以用 $y = 1.536\,5x - 5.054$ 的关系来表达($r^2 = 0.975\,1$)。

表5.2　以糖蜜废水为碳源,CSTR 反应器在不同 OLR 的条件下达到稳定时,液相末端发酵产物的组分及含量

OLR /(kg/(m³·d)⁻¹)	COD /(mg·L⁻¹)	TVFA /(mg·L⁻¹)	SMP /(mg·L⁻¹)	HAc /SMP /%	HBu /SMP /%	HPr /SMP /%	EtOH /SMP /%	TVFA /SMP /%
8	2 000	579	941	36.6	21.5	2.4	38.4	61.5
16	4 000	721	1 265.6	41.5	12.7	1.2	42.8	57
24	6 000	1 080	2 118	40.2	8.4	1.2	48.9	51

HAc:乙酸;HBu:丁酸;HPR:丙酸;EtOH:乙醇;TVFA(总挥发性脂肪酸) = HAc + HBu + HPr;SMP:液相代谢产物(SMP = TVFA + EtOH)

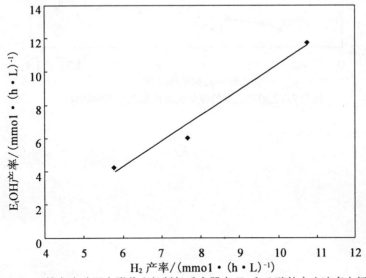

图5.6　以糖蜜为碳源在附着生长制氢反应器中 H_2 和乙醇的产生速率之间的关系

5.2.3　产能效率

　　由于发酵系统产生了大量气体和液体生物燃料(即 H_2 和乙醇),能源方面的工艺性能来自两个生物燃料组合,来计算其燃烧热值。如表 5.1 所示,产能效率(EGR)随着 OLR 的提高由 8 kg/(m³·d)提高到 24 kg/(m³·d),因为 H_2 和乙醇产率随 OLR 的提高而提高,所以产氢速率和产乙醇速率的变化非常明显。当 CSTR 中的 OLR 为 24 kg/(m³·d)时,最高产能效率为 19.08 kJ/(h·L),这种差异可能是由于在细菌种群结构的变化所引起的。从总的产能方面来看,同时生产 H_2 和乙醇的优于只产生其中一种。此外,由于目前 H_2 和乙醇在不同的阶段,分离这两种生物燃料相对容易,通过简单的加工能带来更多的经济效益。

5.2.4　产氢率和乙醇/乙酸的比值

图 5.7 所示为乙醇/乙酸比值对产氢率速率的影响。随着生物制氢系统中乙醇/乙酸比值的变化,氢气产率也发生相应的改变,由此可以看出,液相末端产物产量和产氢量相关联。当乙醇与乙酸的摩尔比从 0 增大到 1,氢气产率从 2 mol H_2/kg COD 增大到 20 mol H_2/kg COD;而当乙醇与乙酸的摩尔比高于 1 时,氢气产率反而下降。这可能是由于发酵途径的改变以及 NADH 的氧化还原作用造成的。

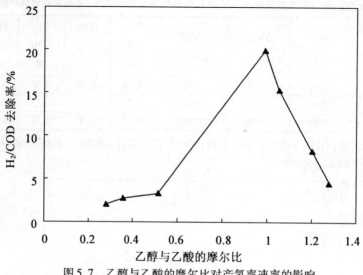

图 5.7　乙醇与乙酸的摩尔比对产氢率速率的影响

6 连续流混合固定化污泥反应器发酵制氢

厌氧发酵生物制氢技术是通过厌氧产酸相菌群利用有机废物或有机废水作为发酵底物厌氧发酵制取氢气,厌氧产酸发酵菌群具有不同的发酵特征和产氢能力。厌氧发酵产氢效能通常是由一些生态环境因子决定的,如 pH 值、氧化还原电位(ORP)和温度等。生态环境因子的变化将导致微生物形成不同的代谢菌群,因而导致不同的发酵产氢量。另外,悬浮生长系统是常用的厌氧发酵生物制氢工艺,然而,悬浮生长系统在低水力停留时间(HRT)条件下,容易形成污泥流失现象,并需要污泥回流以保证反应器内有足够的产氢微生物。固定化细胞系统已经被成功地应用于各种生物反应器用以污水处理,如流化床反应器、载体诱导颗粒污泥床和升流式厌氧污泥床等。同样有采用琼脂凝胶或 PVA 海藻酸钠薄膜作为固定化载体,采用纯培养连续流方式,厌氧发酵制氢。相比之下,关于固定化污泥厌氧发酵生物制氢的研究相对较少。

因此,本章探讨了利用新型连续流混合固定化污泥反应器(Continuous Mixed Immobilized Sludge Reactor,CMISR)厌氧发酵生物制氢的可行性,同时考察了有机负荷(OLR)对 CMISR 反应器产氢效能的影响。期望本研究能够为未来生物制氢反应器的设计提供基本的理论和技术帮助。

6.1 CMISR 反应器乙醇型发酵微生物菌群的驯化

6.1.1 液相代谢产物的变化

在厌氧微生物环境中,厌氧发酵制氢的过程中总是伴随着有机底物代谢转化成各种酸性产物。酸性产物的产量反映出代谢过程的变化并提供信息,以有利于改善产氢的发酵条件。图 6.1 为 CMISR 反应器在启动过程中液相发酵代谢产物的变化情况。CMISR 反应器在前 10 天的运行过程中,液相发酵代谢产物总量由 627.7 mg/L 增加到 1266.5 mg/L。液相发酵代谢产物的变化表明系统正经历发酵类型的转变。当 CMISR 反应器运行到第 20 天时,液相代谢产物中乙醇、乙酸、丙酸、丁酸和戊酸的质量浓度分别为 379.3 mg/L、330.6 mg/L、18.1 mg/L、201.4 mg/L 和 7.9 mg/L,这表明系统为混合酸发酵代谢类型,此时氢气产量并不高(图 6.2)。在这些液相发酵代谢产物中,乙酸是主要的代谢发酵产物。当 CMISR 反应器运行到第 40 天时,系统达到稳定,乙醇、乙酸、丙酸、丁酸和戊酸的含量分别为 1 095.5 mg/L、874.8 mg/L、35.6 mg/L、183.6 mg/L 和 16.1 mg/L。乙醇和乙酸的含量为 1 970.3 mg/L,占总液相代谢发酵产物的 89.3%,这表明乙醇型发酵代谢类型形成。任南琪认为:乙醇型发酵代谢类型具有较多产氢优势,并提出了乙醇型发酵为连续流混合制氢的最佳发酵代谢类型。

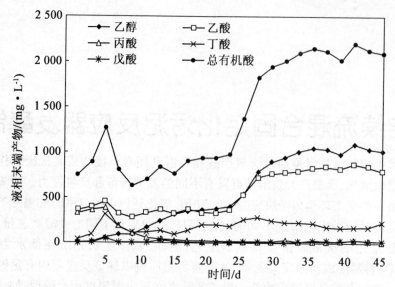

图 6.1　CMISR 反应器启动过程中液相末端发酵产物的变化情况

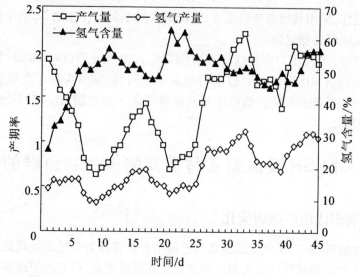

图 6.2　CMISR 反应器启动过程中产气和产氢量的变化情况

6.1.2　产气和产氢量

当经曝气驯化后混合微生物菌群接种到 CMISR 反应器并固定在颗粒活性炭后,系统控制进水 COD 浓度为 2 000~6 000 mg/L。在 CMISR 反应器启动运行及污泥驯化的过程中,系统的产气和产氢量如图 6.2 所示。在 CMISR 反应器启动初期(前 10 d),产气量和氢气含量都是比较低的。氢气产量的变化可能是由微生物菌群结构不同和进水 COD 浓度变化而造成的。因为此时的活性污泥正处于自我调节和驯化以适应系统内部环境的过程中。当 CMISR 反应器运行 30 d 后,系统产氢量和底物消耗量(图 6.3)开始逐步稳定。系统运行 40 d 后,污泥驯化完成,产气量和氢气含量达到稳定。最终,产气量保持在 1.96 m³/(m³·d),相应地,氢气含量和产氢量分别为 46.6% 和 1.09 m³/(m³·d)。

6.1.3　污水处理

本书同样考察了系统运行过程中 COD 处理效率(图 6.3)。CMISR 反应器具有发酵制氢的同时消耗废水中的有机底物。在系统初始启动阶段,COD 去除效率较高,这是由于接种的好氧驯化污泥固定在颗粒活性炭上并具有一定的污泥菌群吸附能力造成的。进水 COD 和出水 COD 在反应器运行到第 2 天时分别为 4 232 mg/L 和 1 426 mg/L。根据进水 COD 的变化,系统 COD 去除率为 $-31.2\% \sim 53.9\%$,并在第 40 天时稳定在 13%。试验结果表明,在 CMISR 反应器中可实现发酵制氢的同时达到污水处理的目的。

在传统的厌氧污水处理系统中,COD 主要是被产甲烷菌群消耗利用并产生液相代谢产物(如乙酸)和甲烷。然而,在 CMISR 反应器中产酸菌群为主要微生物菌群,COD 的消耗利用主要是通过微生物合成代谢和发酵气体的释放(CO_2 和 H_2),以及 COD 转化成液相代谢产物(如乙醇、乙酸、丁酸和丙酸)并保留在系统内。因此,CMISR 系统的 COD 去除率要低于传统的厌氧生物处理系统。

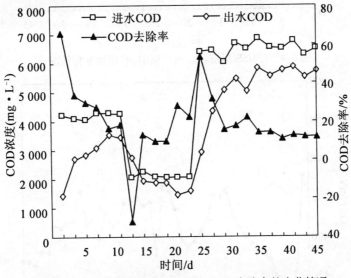

图 6.3　CMISR 反应器启动过程中 COD 去除率的变化情况

6.1.4　pH 值和 ORP 值的变化情况

pH 值对微生物活性有明显的影响,并能影响微生物对营养物质的吸收和微生物产氢效率。Fang 和 Liu 发现,最佳的制氢 pH 值为 5.5,而 Khanal 通过间歇式试验得出最佳的产氢 pH 值 $5.5 \sim 5.7$。在本书中,稳定的乙醇型发酵形成时系统具有较高的产氢量,此时的 pH 值为 $4.06 \sim 4.28$(图 6.2 和图 6.4),这一研究结果同 Li 的研究一致。最佳产氢 pH 值范围的不同可能是由于在不同的运行条件下微生物菌群的结构不同而导致的。在本研究的过程中,并没有检测到甲烷的产生,这表明较低的 pH 值可有效地抑制产甲烷菌群的形成。

在 CMISR 反应器运行到第 15 天,系统 ORP 从 -465 mV 上升到 -337 mV,然后又在第 25 天下降到 -422 mV,并最终保持在 $-416 \sim -434$ mV,这表明此时的 ORP 为乙醇型发酵的最佳条件。在厌氧处理系统中,ORP 主要是受 pH 值的影响。由于 CMISR 反应系统是处于连续运行的,而且 pH 值处于一直变化状态,因此,很难在 ORP 和 pH 值之间得出明显的线性关系。然而,从图6.4和图6.5中可以看出,在多数情况下,ORP同pH值呈现反比关系,较低的ORP对应着较高的pH值。

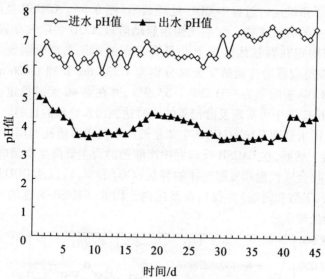

图6.4　CMISR反应器启动过程中pH值的变化情况

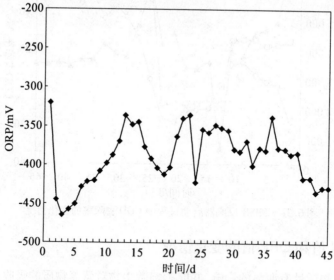

图6.5　CMISR反应器启动过程中ORP的变化情况

6.2　不同OLR对CMISR反应器产氢效能的影响

为了研究不同OLR对CMISR反应器产氢效能的影响,一共进行四组OLR变化试验 $(8 \sim 32 \ kg/(m^3 \cdot d))$。在反应器运行过程中产生的发酵气体主要是由 H_2 和 CO_2 组成,并没有检测到 CH_4 的产生,这说明在CMISR反应器前期启动的过程中,pH值和ORP的变化有效地抑制了耗氢菌群的产生。在这四组OLR变化的实验中,每组试验都经过16个HRT的试验时间,以保证反应时间充足。

6.2.1　OLR 变化对 CMISR 反应器产气和产氢量的影响

在不同 OLR 条件下,CMISR 反应器的产氢和产气效能如图 6.6 和 6.7 所示。产氢速率随着 OLR 从 8 kg/(m³·d)增加到 32 kg/(m³·d)而增加。

从图 6.6(a)中可以看出,当 OLR 为 32 kg/m³d 时,CMISR 反应器得到最大产氢速率 12.51 mmol/(h·L),产氢速率同 OLR 呈正比例变化,相关系数大于 0.9。图 6.6(b)中指出,当 OLR 为 16 kg/(m³·d) 时, CMISR 反应器得到最大底物转化产氢量为 130.57 mmol/mol。基于上述研究结果,可以看出产氢速率随着 OLR 的提高而增加,然而,底物转化产氢量随着 OLR 大于 16 kg/(m³·d)而降低。可以明显地看出,当 OLR 在 8～32 kg/(m³·d)范围内变化时,产氢速率和产氢量的变化呈现出明显的差异。

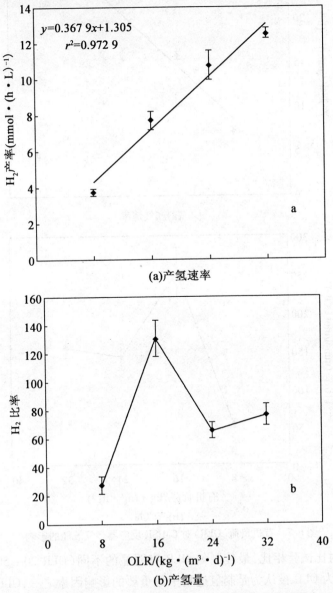

图 6.6　有机负荷(OLR)对 CMISR 反应器产氢效能的影响

图 6.7 反映的是 OLR 的变化对 CMISR 反应器产气效能的影响。从图中可以看出,产气速率和产气量的变化同产氢速率和产氢量的变化相似。图 6.7(a)表明,当 OLR 为 32 kg/(m³·d)时,CMISR 反应器得到最大产气速率 25.02 mmol/(h·L)。产气速率(y)同 OLR(x)呈现正线性方程:$y = 0.759\,2x + 2.58$($r^2 = 0.939\,5$)。当 OLR 为 16 kg/(m³·d)时,CMISR 反应器得到最大底物转化产气率 252.02 mmol/mol,但当 OLR 增加到 32 kg/(m³·d)时,底物转化产气率下降到 152.72 mmol/mol。

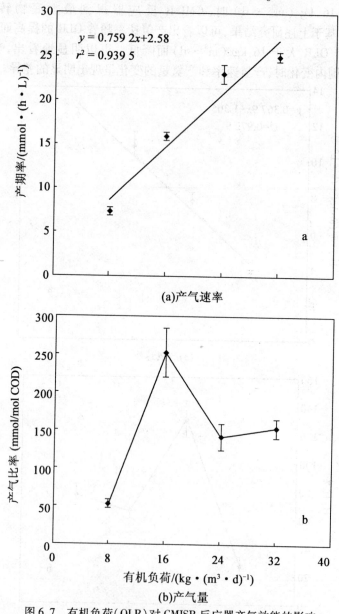

(a)产气速率

(b)产气量

图 6.7　有机负荷(OLR)对 CMISR 反应器产气效能的影响

同其他制氢对比试验相比,最佳制氢 OLR 有明显的不同(OLR 20 ~ 50 kg/(m³·d))(表 6.1),这是因为 OLR 被认为是制氢过程中最重要的影响因素之一,OLR 能够影响产氢微生物群落的结构,从而影响产氢的效能。在本研究中,当 OLR 为 32 kg/(m³·d)时,

CMISR 反应器得到最大产氢速率为 12.51 mmol/(h·L)。由于本研究用作发酵制氢底物为糖蜜废水,同其他相关研究相比,底物成分更加复杂化,而且更具经济效益,因此,CMISR 反应器可作为高效生物反应器用作厌氧发酵生物制氢。

表 6.1　同其他发酵制氢系统稳定状态下数据对比分析

反应器/基质	最大有机负荷(OLR) /(kg·(m³·d)⁻¹)	pH/Temp. /℃	水力停留时间 (HRT)	H₂产率 /(mmol·(h·L)⁻¹)
ASBR/葡萄糖	20	6.7/35	4 h	19.6
UASB/葡萄糖	20	6.7/35	8 h	12.5
CSTR/食物废物	50	5.5/55	5 d	2.6
Fermentor/人工废水	37	5.0/60	1 d	8.8
TBR/葡萄糖	20	7.0/60	2 h	43
CSTR/麦芽糖	20	6.8/35	12 h	17
CSTR/麦芽糖	30	5.4/35	12 h	14
CMISR/糖蜜	32	4.2/35	6 h	12.51

6.2.2　液相发酵代谢产物同产氢速率之间的关系

表 6.2 为不同负荷条件下得到的产氢速率同液相末端发酵产物的关系。当产氢速率为 12.51 mmol/(h·L)时,可得到最大产乙醇浓度为 55.8 mmol/L,乙酸浓度为 42.41 mmol/L。当产氢速率为 7.68 mmol/(h·L)时,丁酸和丙酸浓度下降,而后随着产氢速率增加到 12.51 mmol/(h·L)时,丁酸和丙酸浓度分别增加到 13.3 mmol/L 和 1.33 mmol/L。总体来说,当产氢速率为 3.72 ~ 12.51 mmol/(h·L)时,乙醇浓度要高于乙酸浓度。乙醇和乙酸为 CMISR 反应系统内主要液相发酵代谢产物,这表明系统始终为乙醇型发酵代谢产氢菌群。

表 6.2　不同负荷条件下得到的产氢速率同液相末端发酵产物的关系

H₂产率 /(mmol·(h·L)⁻¹)	乙醇 /(mmol·L⁻¹)	乙酸 /(mmol·L⁻¹)	丁酸 /(mmol·L⁻¹)	丙酸 /(mmol·L⁻¹)
3.72	16.9	14.7	8.9	0.8
7.68	24.2	23.5	7.2	0.72
10.74	44	36.4	7.53	1.24
12.51	55.8	42.41	13.3	1.33

6.2.3　在不同 pH 值条件下 Hbu/HAc 和 Ethanol/HAc 的变化

先前关于 pH 值对厌氧发酵制氢过程中液相代谢产物的影响,通常有两种描述。一些观点认为,在厌氧发酵制氢系统中,当 pH 值低于 4.0 时,发酵制氢微生物的代谢活性受到抑制。另外一些观点认为,当 pH 值为 4.0 ~ 4.5 时,可有利于乙醇型发酵的形成。然而,从图 6.8(a)中可以看出,当 pH 值为 3.4 ~ 4.4 时,丁酸(HBu)同乙酸(HAc)的比率随着 pH 值的增加而增加,并且丁酸的产量要低于乙酸的产量,这是因为 Hbu/HAc 低于

0.6 mol/mol。Hbu/HAc(y)同 pH 值(x)呈现出正比例关系,线性方程可表述为 $y = 0.365\ 4x - 0.989\ 6\ (r^2 = 0.985\ 6)$。因此,当 pH 值为 3.4~4.4 时,丁酸的产量会随着 pH 值的增加而增加。图 6.8(b)所示为乙醇(Ethanol)同乙酸(HAc)比率的变化情况,当 pH 值分别为 3.4~3.6 和 4.1~4.4 时,ethanol/HAc 的比率大于 1.1,这说明,当 pH 值在上述范围内变化时是有利于乙醇型发酵的形成。HBu/HAc 比率和 Ethanol/HAc 比率随着 pH 值的变化而变化,由此可见,pH 值对液相发酵代谢产物具有明显的影响。ethanol/HAc(y)同 pH 值(x)之间的线性方程可表述为 $y = 1.453\ 3x^2 - 11.324x + 23.079\ (r^2 = 0.931\ 3)$。本书得到的上述结果,在其他相关研究中,并没有发现被讨论过。

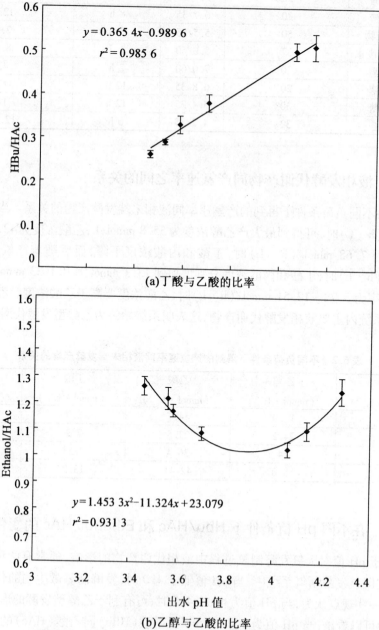

(a)丁酸与乙酸的比率

(b)乙醇与乙酸的比率

图 6.8　不同 pH 值条件下丁酸与乙酸和乙醇与乙酸的比率

6.3 CMISR 反应器厌氧发酵制取氢气和乙醇

本节利用糖蜜废水作为发酵底物,在前期 CMISR 反应器达到稳定的乙醇型发酵后,考察了有机负荷(OLR)的变化(8~40 kg/(m³·d))对 CMISR 反应器产氢及产乙醇的影响。本研究的目的是发展同时制取两种重要生物能源(氢能和乙醇)的一种新型发酵技术。

6.3.1 产氢及产乙醇

图 6.9 描述了不同有机负荷(OLR)对 CMISR 反应器产氢和产乙醇效能的影响。当 OLR 在 8~40 kg/(m³·d)范围内变化,产氢速率随着 OLR 的增加而增大,并在 OLR 为 32 kg/(m³·d)时得到最大产氢速率 15.01 mmol/(h·L)。最佳产乙醇速率为 23.25 mmol/(h·L),同样是在 OLR 为 32 kg/(m³·d)时得到的。然而,当 OLR 继续增加到 40 kg/(m³·d)时,CMISR 反应器内的产氢和产乙醇速率开始下降。这说明,较高的 OLR 可以得到较大的产氢和产乙醇速率,然而,过高的 OLR 会导致产氢和产乙醇菌群受到抑制。产氢和产乙醇速率的变化可能是由于菌群结构和 OLR 不同造成的。

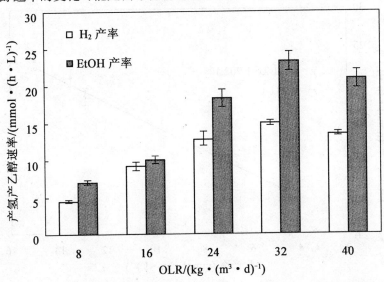

图 6.9 不同有机负荷(OLR)条件下 CMISR 反应器的产氢和产乙醇速率

6.3.2 液相末端发酵产物

如表 6.3 所示,在不同 OLR 条件下,乙醇都是主要的液相末端发酵产物(Soluble Microbial Products,SMP),其含量占液相末端发酵产物的 41%~49.4%。其次含量最多的是乙酸和丁酸,分别占液相末端发酵产物的 35.6%~42.25% 和 8.4%~21%。同时还检测到少量的丙酸产生。液相发酵产物的组分和含量表明,在不同 OLR 条件下,CMISR 反应器内的培养环境是有利于产氢的,因为一个高效的产氢系统,乙醇往往是占主导地位的液相发酵产物。当 OLR 为 40 kg/(m³·d)时,CMISR 反应器的产氢量出现下降趋势(图 6.9)。然而,反应器内仍然保持着乙醇型发酵。可见,较高的 OLR 并没有改变系统内微生物菌群结构,而是过高的 OLR 抑制了发酵产氢菌群的活性。

表6.3　不同有机负荷(OLR)条件下,CMISR 反应器液相末端发酵产物的组分及含量

有机负荷 /(kg·(m³·d)⁻¹)	乙醇 /(mmol·(h·L)⁻¹)	乙酸 /(mmol·(h·L)⁻¹)	丁酸 /(mmol·(h·L)⁻¹)	丙酸 /(mmol·(h·L)⁻¹)	总挥发酸(TVFA) /(mmol·(h·L)⁻¹)	可溶性有机酸(SMP) /(mmol·(h·L)⁻¹)	TVFA/SMP /%
8	7.04	6.12	3.7	0.33	10.15	17.19	59
16	10.08	9.79	3	0.3	13.09	23.17	56.4
24	18.33	15.16	3.13	0.52	18.81	37.14	50.6
32	23.25	17.67	5.54	0.55	23.76	47.01	50.5
40	-20.95	16.22	5.06	0.53	21.81	42.76	51

图 6.10 所示为 CMISR 反应器内产氢速率同产乙醇速率的关系。在不同 OLR 条件下,产氢速率同产乙醇速率呈现正相关。产乙醇速率(y)同产氢速率(x)的线性方程可以表述为

$$y = 1.601\ 2x - 1.702\ 1\ (r^2 = 0.931\ 1)$$

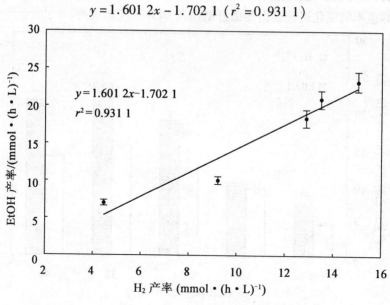

图 6.10　CMISR 反应器中产氢速率同产乙醇速率的线性关系
(点:试验数据;曲线:数据回归方程指明变化趋势)

6.3.3　能量转化率

由于 CMISR 反应器能够制取出一定数量的气态和液态生物燃料(H₂ 和乙醇),通过两种生物燃料的能量燃烧值计算出本试验工艺的能量转化率。如表 6.4 所示,CMISR 反应器的能量转化率(Energy Conversion Rate,ECR)随着 OLR 由 8 kg/(m³·d)增加到 32 kg/(m³·d)而提高,并在 OLR 为 32 kg/(m³·d)时,系统得到最大能量转化率 36.05 kJ/(h·L)。

表 6.4　在不同 OLR 条件下，CMISR 反应器的产氢和产乙醇速率，以及产生的能量转化率

OLR /(kg · (m³ · d)⁻¹)	COD /(mg · L⁻¹)	H₂产率 /(mmol · (h · L)⁻¹)	EtOH 产率 /(mmol · (h · L)⁻¹)	能量回收率[①] /(kg · (h · L)⁻¹)
8	2 000	4.46 ± 0.24	7.04 ± 0.33	10.89 ± 0.52
16	4 000	9.21 ± 0.6	10.08 ± 0.5	16.4 ± 0.85
24	6 000	12.88 ± 0.96	18.33 ± 1.12	28.72 ± 1.8
32	8 000	15.01 ± 0.36	23.25 ± 1.29	36.05 ± 1.86
40	10 000	13.5 ± 0.3	20.95 ± 1.2	32.47 ± 1.72

[①]能量回收率 = H₂产率 × 286 kJ/mol + EtOH 产率 × 1 366 kJ/mol

第三篇　两种食品废水冲击下的生物制氢系统稳定性

第7章 红糖废水乙醇型发酵启动/运行及蛋白废水冲击过程

7.1 红糖废水 CSTR 生物制氢反应器启动

7.1.1 反应器启动相关参数的选取

1.接种污泥的预处理方法

如何通过工程技术手段对底物预处理工序进行改进,提高底物预处理效率,降低成本,是利用有机固体废物进行厌氧发酵制氢急需解决的问题,而如何实现有机固体废物大规模连续产氢也是提高制氢效率的一个关键性难题和研究的热点。现有的接种污泥预处理方法主要有酸/碱处理法、热处理、曝气氧化、超声波处理等。不同的预处理条件对混合菌系的组成有较大的影响,随之对产氢量也会有不同程度的影响。所谓的酸/碱处理法就是接种物在接种前在酸性($pH = 3$)或碱性($pH = 10$)的状态下筛选产氢细菌的方法,尤其是酸处理法常被用于连续试验的接种物预处理,并能达到稳定的产氢效果;曝气法可以提高肠杆菌属(*enterobacter*)等兼性厌氧产氢菌的活性,还可以抑制甲烷菌的活性。

本实验采用间歇曝气与酸处理结合的方法,间歇曝气的驯化废水配比见表7.1。白砂糖浓度最终提高到 10 000 mg/L,因为 COD 浓度提高,接种污泥经过驯化 pH 值达到 3.2,接种污泥由黑褐色变成黄褐色后接入反应器 CSTR(A)。本研究开始拟用白砂糖为实验底物,其成分单一,不具有能源可利用性后改为红糖,所以接种污泥的驯化阶段用白砂糖稀释作为配水,进入反应器后改为红糖为实验底物。

2.基质微生物比(COD/VSS)

与好氧生物处理相似,厌氧生物处理过程中的基质微生物比(常以有机负荷表示)对其进程影响很大。在有机负荷处理程度和产气量之间存在平衡关系。一般来说,较高的有机负荷可以获得较大的产气量,但处理程度会降低。为保持系统平衡,有机负荷的绝对值不宜太高。随着反应器中生物量(厌氧污泥浓度)的增加,有可能在保持相对较低污泥负荷的条件下得到较高的容积负荷。这样,能够在满足一定处理程度的同时,缩短消化时间,减少反应器容积。

3.生物量

李建政等人研究表明接种污泥量大于 6.5 g/L 产酸相可快速启动,并可在 40 d 左右完成乙醇型发酵菌种的驯化,发酵气体中的氢气含量达到 40% ~ 50%。

4.反应器启动条件

本实验采用 CSTR 反应器,有效容积为 8.4 L,反应器温度(35 ± 1)℃,控制 HRT 为 6 h,接种污泥量 MLVSS 4.817 mg/L,以红糖为实验底物初始 COD 浓度为 2 000 mg/L 进行启动驯化。每日观察反应器视情况调节搅拌器转速,保证反应器内污泥悬浮且顺利滑落。

7.1.2　反应器启动

由于污泥驯化阶段配水成分单一,接种污泥生物量低,反应器启动阶段又更换实验底物,所以启动时间比较长,反应器运行 77 d 后才产气。启动阶段 pH 值、ORP、COD 去除率如图 7.1、7.2 所示。

1. 启动过程

第一阶段,第 1 ~ 17 天控制入水 COD 2 000 mg/L,加氮磷复合肥 C、N、P 的质量比为 1 000:5:1。

第二阶段,第 18 ~ 44 天入水 COD2 600 mg/L,根据出水 pH 值在入水中人为加入 NaHCO$_3$,控制出水 pH 值。

第三阶段,第 45 ~ 77 天入水 COD4 000 mg/L,添加 3.0 g NaHCO$_3$,第 60 天起停止加氮磷复合肥。

2. 实验结果

图 7.1、7.2 反映了启动过程中入水出水 pH 值、ORP、COD 去除率的变化规律。如图 7.1 所示,由于每天换一次配水且人为添加一定量的 NaHCO$_3$,入水 pH 值在 5.4 ~ 7.4 之间变化;接种污泥长期在 pH 值偏低的环境下驯化,接种前几天较低,之后菌种经过适应出水 pH 值升高;经过人为添加 NaHCO$_3$ 使出水 pH 值最终稳定在 4.1 左右完成启动;不同发酵类型对 ORP 的要求也有所不同,接种初期由于污泥中存在大量的好氧菌种,ORP 较高,第 4 天达到 –500 mV,,之后随着每次 COD 浓度的提高而变化最终趋于稳定在 –500 mV 左右;在启动阶段 COD 去除率的变化波动较大,接种初期碳源主要维持微生物的生长代谢去除率较大,但由于周围环境好氧突然变成缺氧状态细菌不适应环境改变而大量死亡,出水中也有少量的污泥流失现象,生物代谢速率降低,COD 去除率也随之下降;经过适应菌种逐渐恢复活性,COD 去除率也相应提高;每次增加入水 COD 浓度时由于受到高有机负荷的冲击系统有个适应过程,因此冲击开始时 COD 去除率较低后逐渐趋于稳定,最终 COD 去除率为 26% ~ 30%。

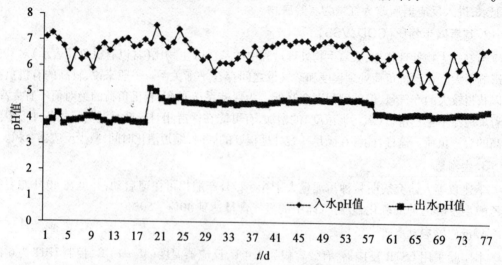

图 7.1　CSTR(A)启动过程中入水、出水 pH 值变化

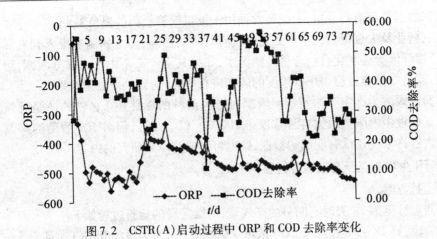

图 7.2　CSTR(A)启动过程中 ORP 和 COD 去除率变化

7.1.3　红糖废水 CSTR 生物制氢反应器运行

1. CSTR 生物制氢反应器稳定运行的控制参数

（1）搅拌速度。

在 CSTR 反应器中,搅拌器的转动速率决定着生物反应体系的传质效率,进而影响产气量与产氢气含量。当转速较低时,污泥絮体易沉于罐底,较轻的絮体及表面吸附气泡的絮体则会上浮,致使底物反应不完全,产气效率较低;当转速适宜时,污泥絮体完全处于悬浮状态,随着搅拌器转速的增加,产氢速率相应地增加;当转速过高时,产气速率降低。完全混合状态的转速与搅拌器叶轮直径、反应区直径、搅拌机功率等有关系,找到适宜的搅拌速度可以在相同负荷下提高产气量,但当转速过低使污泥没有正常滑落至反应器底部,而是悬挂在反应器壁上,此时应该如何处理,可以进一步研究。

（2）生物毒性作用。

厌氧生物处理法能处理多种工业废水。工业废水中一般含有毒性物质。产酸菌也和其他一些生物一样,会被工业废水中的毒性物质所抑制。一些含有特殊基团或者活性键的化合物对某些未经驯化的微生物是有毒的,但经过低浓度的驯化以后,其本身也可被微生物厌氧降解。如人们早期认为酚是不可被厌氧降解去除的,但现在人们知道经过 5 ~ 30 d 的驯化,酚就可以很容易被厌氧降解,而且其毒性远远小于对好氧微生物的毒性。

毒性按接触时间长短分为初期抑制(冲击抑制)和长期抑制(驯化抑制)。按抑制程度不同大体上分为基本无抑制、轻度抑制、重度抑制和完全抑制。根据抑制作用是否可逆分为不可逆抑制和可逆抑制,可逆抑制又可根据抑制剂与底物的关系分为竞争性抑制、非竞争性抑制和反竞争性抑制。

常见的毒性物质有无机毒性物质和有机毒性物质。无机毒性物质主要包括氧气、氨氮、硫化物及硫酸盐、无机盐类、重金属等;有机毒性物质有芳香族化合物、抗生素及消化物等。

丙酮无色液体,易挥发,能与水、乙醇、N - N 二甲基甲酸铵、氯仿、乙醚及大多数油类混溶。工业上主要作为溶剂用于炸药、塑料、橡胶、纤维、制革、油脂、喷漆、电镀等行业中,也可作为合成烯酮、醋酐、碘仿、聚异戊二烯橡胶、甲基丙烯酸、甲酯、氯仿、环氧树脂的重要原料。在精密的铜管制造行业中,丙酮经常被用于擦拭铜管上面的黑色墨水。

虽然制糖业及大豆蛋白的生产工艺中没有丙酮的参与,但生物制氢投入到实际生产应用中,会处理纤维等碳水化合物含量高的污水,如果其生产工艺中带入部分丙酮,可以提早进行处理,或是在培养过程中用低浓度的丙酮进行驯化,达到厌氧处理效果。

本实验做丙酮测试主要达到证明丙酮对产氢菌种的毒性是杀菌性的还是可恢复性的目的。厌氧处理中丙酮的最大容许浓度是 800 mg/(L 污泥),但对于产酸菌的抑制毒性的大小及最大容许浓度还没有明确的数据,这也可以成为以后研究的内容。

2. CSTR 生物制氢反应器运行过程

（1）运行方案。

反应器运行至第 78 天时有明显的产气量,后续阶段的运行过程如下:

第一阶段,第 78~97 天入水 COD 浓度 4 000 mg/L,人为添加 $NaHCO_3$,使出水 pH 值维持在 4.2~4.4;第 84 天入水添加丙酮 0.025 mL/L,第 93 天停止加入,研究此阶段丙酮对生物体系的毒性作用及生物制氢系统的恢复性。

第二阶段,第 98~112 天,入水 COD 浓度 5 400 mg/L,使出水 pH 值维持在 4.0~4.1。

第三阶段,第 113~152 天,再次提高 COD 浓度至 6 400 mg/L 发现污泥流失后的处理方法探讨,恢复正常后调低搅拌转速产气量下降,拟订清泥方案观测处理效果;污泥再次流失原因及解决方法。

第四阶段,第 153~186 天,调低 COD 浓度至 4 000 mg/L,再次检测搅拌转速过低的处理方法是否有效。

（2）实验结果。

①运行阶段的 pH 值、ORP。

乙醇型发酵要求反应体系内 pH 值为 4~4.5,ORP 为 -450~-200 mV。实验过程由于人为添加 $NaHCO_3$,使出水 pH 值维持在稳定范围内。从图 7.3 中可以看出。出水的 pH 值并未受到入水 pH 值变化的影响,在第 98 天提高 COD 浓度时,pH 值也并没有明显下降,说明此时反应器内的活性污泥已具备良好的酸碱缓冲性能,使产氢菌能够良好地生长,提高了反应器进一步应对外界条件变化的抵抗力;而且这种现象也说明酸性预处理的接种污泥能够比较好的适应此种环境。运行各阶段 ORP 的变化幅度及状况不大,维持在 -500 mV 左右,在第四阶段 COD 浓度降低时,ORP 数值些许提高至 -450 mV 左右,进而证明了通过容积负荷的提高或降低比较容易实现 ORP 的升降。

②运行过程中的 COD。

运行过程中,入水 COD 及 COD 去除情况如图 7.4 所示。入水 COD 经过两次提高、一次降低过程,COD 去除率随着入水条件的改变而改变。

第一阶段产氢刚开始时由于系统不大稳定,COD 去除率为 24%~28%,入水中加入丙酮,由于这种物质的毒性作用影响产氢菌种的代谢活性,COD 去除率下降,第 93 天停止加入后,COD 去除率恢复,证明丙酮对制氢菌种有毒害作用但并不是完全破坏厌氧过程,此种抑制作用可恢复。

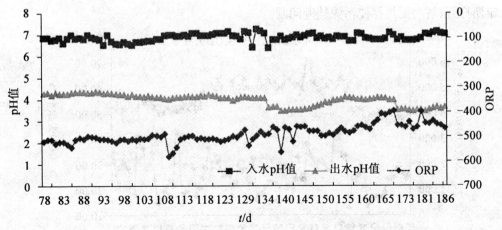

图 7.3　CSTR(A)运行阶段入水、出水 pH 值及 ORP 变化情况

第二阶段,COD 浓度提高当天去除率降低,菌种不适应负荷的突然提高而使 COD 去除率降至 12.86% ,后经过适应 COD 去除率明显提高,然而随着反应内液相末端产物挥发酸的大量产生,导致一部分菌种不适应大量死亡,使 COD 去除率再次降低,随着反应器的继续运行,菌种适应了这种变化,COD 去除率渐渐稳定在 28% ~31% ,较第一阶段有所提高,生物量为 6.67 g/L。

第三阶段,由于再次提高入水 COD 浓度,使大量菌种不适应此变化迅速死亡,污泥有所流失,随即降低入水 COD 浓度,稳定一段时间后,第 118 天开始逐渐调低搅拌器转速,开始时由于污泥没有悬挂在反应器壁,因此各项指标均正常,且逐渐降低,第 124 天 COD 去除率降至此阶段最低 15.94% ,观察发现反应器内污泥量减少,但未发现污泥流失,从外观上能看到反应器器壁上有污泥悬挂,生物量降至 5.39 g/L。适时调至初始搅拌速率 2 d,观测COD 去除率回升,产气量却减少,证明此种方法失败,为避免污泥悬挂器壁时间过长而失去活性,应打开反应器进行人为清理后迅速封闭,尽量在清理过程中使污泥不暴露在空气中,继续观测 COD 去除率迅速回升,生物量提高至 6.23 g/L。稳定后 COD 去除率渐渐回升,自发现第一次污泥大量流失问题后在出水口接一个 1 L 量筒,让流失污泥在此沉降,第 139 天发现污泥大量流失,生物量再次下降,开始发现污泥流失时由于各项指标正常没有做处理,随后三日污泥继续大量流失,为避免启动失败,把收集到的污泥在次日入水时从入水口进入反应器进行循环观测处理效果,系统稳定,COD 去除率一直保持在 28% ~33% ,污泥流失的现象减缓。污泥流失原因可能是由于上一阶段的人为破坏使部分菌种死亡而大量流失。因此提出设想此种处理方法是否可以在反应器上安装一污泥回流装置,解决因大量污泥流失迫使反应器启动失败的问题,可待研究。

第四阶段,为避免因在此发生 COD 浓度过高引起污泥流失现象,也为下一步大豆蛋白废水的冲击做准备,在第 153 天降低入水 COD 浓度,COD 去除率也随之下降,后升高,中间又在第 161 ~170 天尝试转速对反应器产氢效果及处理方法,对各项指标的变化情况与第三阶段中的实验情况大致相同,因此可以说明搅拌速率对生物制氢反应器的产氢效果非常明显,必须使污泥达到完全悬浮的状态才能进行良好稳定的厌氧发酵,一旦由于转速过低导致污泥挂壁,为了快速恢复可采用人为恢复方法,但此法容易使菌种暴露于空气中大量死亡,因此提出一种设想,是否可以改进装置,在反应器的器壁安装一自动刮泥装置,平时闭合,定期打开,解决因搅拌使污泥挂壁问题。

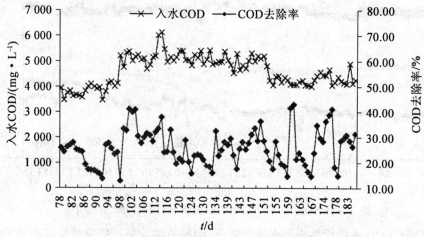

图 7.4　CSTR(A)运行阶段入水 COD 及 COD 去除率变化情况

③运行阶段产气量及氢气含量。

运行阶段的产气量及氢气含量与入水 COD 之间的关系如图 7.5 所示。表明产气量总体会随着入水 COD 的提高而呈现先升后降直至稳定,而入水 COD 浓度由高变低时产气量会先降后升直至稳定。在第一阶段,即丙酮毒性实验阶段,产气量和氢气含量随着丙酮的添加降低,使菌群周围的环境发生改变而影响菌种的传质效率,停止添加丙酮后及恢复;在第三、四阶段,搅拌转速实验中产气量随着生物量的减少而下降,随着生物量的恢复而增加,两次实验产气量的变化趋势大致相同,虽然产气量降低,但氢气含量并没有发生多大的变化,而是总体成逐渐上升趋势;在第二、三阶段,入水 COD 浓度下氢气含量大致稳定在55% 左右,最高达到 70.99%,第三阶段,最大产气量为 18.29 L/d;第四阶段,氢气含量稳定在 60% 左右,形成稳定的乙醇型发酵。

④运行过程中液相末端产物的变化。

运行过程中液相末端产物的变化如图 7.6 所示,液相末端产物的含量是在有产气量开始时才开始测定的,测定初期,还有少量的丁酸,但随着反应器的继续运行,丁酸的含量趋近于 0;乙醇的含量由最初的 495.983 mg/L 到第三阶段结束时的 1 100 mg/L 左右,提高 2倍多;第四阶段结束乙醇的质量浓度稳定在 750 mg/L 左右;乙酸质量浓度的变化幅度比较大,但总体呈先升后降的变化趋势,第三阶段后期由于回流污泥的影响带进去少量的末端产物,因此乙酸质量浓度在此处有所提高,第四阶段乙酸平均质量浓度在 700 mg/L 左右;液相末端产物中丙酸的含量在整个运行过程都比较低。由乙醇和乙酸的质量浓度表明,在第三阶段系统已经形成稳定的乙醇型发酵。

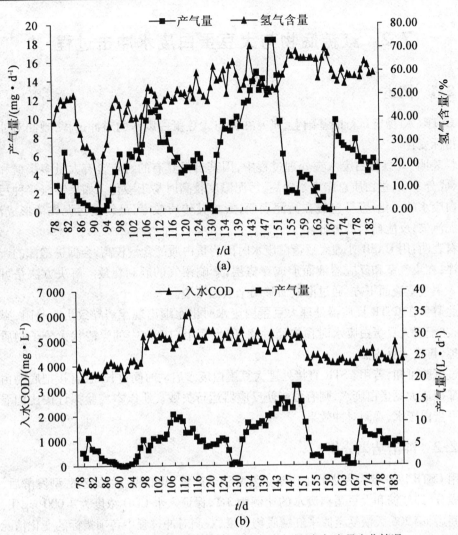

(a)

(b)

图 7.5 CSTR(A)运行阶段入水 COD 与产气量、氢气含量变化情况

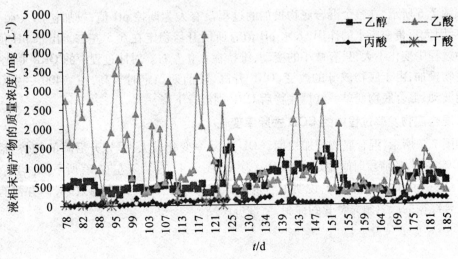

图 7.6 CSTR 运行阶段液相末端产物含量变化情况

7.2 红糖底物与大豆蛋白废水冲击过程

7.2.1 概述

在 CSTR(A)稳定运行的基础上,研究红糖与大豆蛋白废水的对冲过程,观测对冲时期的各项指标变化。

资料表明:大豆蛋白废水在处理过程中,因其自身具有的特点含有大量多聚糖和部分蛋白质,成分单一,蛋白质总碳含量较高,污泥温度较高时易于酸化。如果制氢接种污泥长期受蛋白废水的驯化,容易包裹在污泥表面,影响其传质效率,最终使污泥失活形成浮渣,导致污泥流失,反应器启动失败。

资料表明:用 UASB 处理大豆蛋白废水时因为蛋白质的含量较高,会促进泡沫的产生使污泥漂浮,在集气室和反应器液面形成浮渣层,影响沼气的顺利释放。解决方法是可采用弯管通入集气室液面下方,通过沿液面移动来吸出浮渣。

为此避免在 CSTR 反应器处理大豆蛋白废水时出水堰出现浮渣导致出水受阻,影响处理效果,在配置大豆蛋白废水时预先经过滤,使大豆蛋白废水中的浮渣状大分子物质预先被过滤掉,再进入反应器。

通过试验可知,若用 CSTR 直接处理大豆蛋白废水启动时间过长,且直接把底物由红糖直接全部换成大豆蛋白废水,则有可能使反应器运行失败。所以本实验拟订按比例混合红糖与大豆蛋白废水,观测对冲效果。

7.2.2 冲击结果分析

利用 CSTR 以红糖为底物的生物制氢发酵稳定产氢,并形成良好的乙醇型发酵后,改变底物的成分,即红糖和大豆蛋白废水的比例为 3:1,保证入水 COD 浓度为 4 000 mg/L,对冲一段时间后,第 206 天恢复至原来红糖底物含量,观测对冲过程中各项指标的变化情况。

1. 混合底物发酵过程中的入水、出水 pH 值及 ORP 变化

如图 7.6 所示,在整个混合底物投加的过程没有人为调控 pH 值,投加初期入水 pH 值下降,后因大豆蛋白废水的作用,入水 pH 值有所回升后稳定在 6.5 左右。出水 pH 值在整个对冲过程中变化不大,只有微小的变动,维持在 4.0 左右。对冲过程中的 ORP 变化较大,混合底物投加,由于底物成分的改变,ORP 升高,较前期稳定时较高,在 -400 ~ -500 mV 范围内波动;混合底物变单一红糖底物后 ORP 则继续下降。

2. 混合底物发酵过程中的 COD 去除率变化

如图 7.7 所示,混合底物投加初期,COD 去除率变化较大,呈先升后降的趋势,最终稳定在 20% 左右,较前段时间稳定时 COD 去除率(图 7.4)的 30% 左右,有所下降。当底物恢复时,COD 去除率又缓慢上升,说明混合底物虽然影响了 COD 的去除效果,但并没有使原有的适合红糖的产氢菌完全受到抑制,活性可恢复。

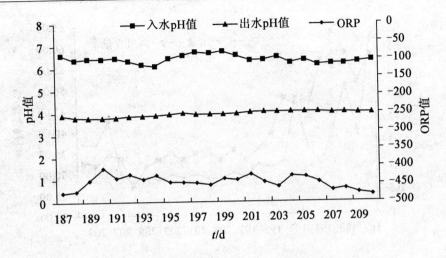

图 7.6 混合底物发酵过程中入水、出水 pH 值及 ORP 的变化情况

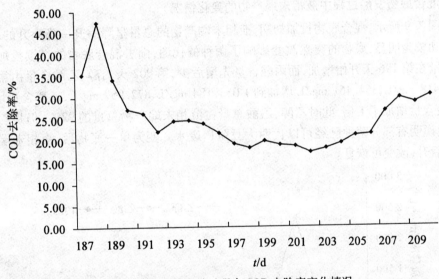

图 7.7 混合底物发酵过程中 COD 去除率变化情况

3. 混合底物发酵过程中产气量与氢气含量变化

如图 7.8 所示,整个过程中产气量与产氢量有大致相同的变化趋势,开始时波动较大,后来产气量为 0.8 L/d 左右,也正是因为此时产气量过低,没有在继续改变混合物的比例,因为在实际处理过程中以较高的产气量为前提,此种投加比例较为适宜。氢气含量在混合物投加后期稳定在 35% 左右,较前段稳定时期的 60% 左右降低近一半;变为单一底物后,氢气含量缓慢上升。

图 7.8　混合底物发酵过程中产气量及氢气含量变化情况

4. 混合底物发酵过程中液相末端产物的变化情况

如图 7.9 所示,混合底物投加初期,液相末端产物的总量呈降→升→降→升的趋势,开始时波动较为明显,底物的突然改变影响了菌种的代谢,随着混合底物的继续投加,乙醇、乙酸含量在第 196 天开始增加,而丙酸含量先增后少,第 202 天乙醇、乙酸含量由第 196 天的 770.418 mg/L、354.461 mg/L 增加到 1 053.184 mg/L、872.957 mg/L,乙醇含量增加 0.5 倍,乙酸含量增加了 1 倍,此时乙醇、乙酸总量占液相末端产物总量的 92%,仍是乙醇型发酵,这也说明有部分菌种已经可以代谢大豆蛋白废水。变为单一底物后,液相末端产物总量先降后升,改变可恢复。

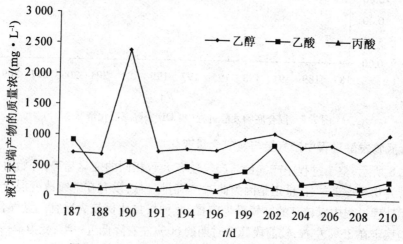

图 7.9　混合底物发酵过程中液相末端产物变化情况

第8章 UASB 生物制氢系统运行与大豆蛋白废水冲击过程

8.1 USAB 运行参数与方案

本实验利用实验室同组人员在 UASB 反应器内驯化稳定的生物制氢污泥进行研究。以红糖废水为底物,入水 COD 浓度控制在 4 000 mg/L,HRT 为 8 h,运行过程中不投加其他营养物质。

第一阶段,第 1~17 天保证入水 COD 浓度使反应器恢复稳定。因接手反应器前同组人员用此反应器内菌种进行其他实验,为保证实验数据的稳定性,只加一定浓度的红糖废水使反应器稳定运行。

第二阶段,第 18~55 天,入水分阶段人为添加 $NaHCO_3$ 提高 pH 值,研究出水 pH 值与产氢效果的关系。每次提高 pH 值后稳定 4~5 d 使下一阶段的变化不会受到影响。

第三阶段,第 56~90 天,入水中按不同比例混合大豆蛋白废水与红糖废水,但仍保证入水 COD 浓度在 4 000 mg/L,研究不同混合比例底物与产氢效果的关系。

添加的大豆蛋白废水为人工模拟废水,进入反应器前去除浮渣,处理方法同前。

8.2 结果分析

8.2.1 入出水 pH 值与 ORP 变化情况

UASB 运行过程中入水、出水 pH 值及 ORP 变化情况如图 8.1 所示。

(1)入水、出水 pH 值。

入水 pH 值在第二阶段由于人为添加 $NaHCO_3$ 使其数值有所提高,变化波动较为明显,但出水 pH 值在整个运行当中没有较大波动,第一阶段由于除了红糖底物并未添加任何物质,出水 pH 值稳定在 3.72 左右;第二阶段通过人为添加 $NaHCO_3$ 以提高出水 pH 值,寻找最适 pH 值,分别提高至 3.80、3.85、3.94、3.98 四个数值,观测其他控制参数的变化情况;第三阶段由于底物的混合投加,加上大豆蛋白废水自身的作用,混合底物中没有再人为投加 $NaHCO_3$,出水 pH 值逐渐升高,当混合底物中大豆蛋白废水的比例降低后,出水 pH 值再次降低。

(2)运行过程中的 ORP。

实验表明,由于原 UASB 反应器内菌种发酵情况良好,整个运行过程中 ORP 都维持在 -400~-500 mV,当第三阶段开始时,随着混合底物中大豆蛋白的含量增高而增高,随其降低而降低。

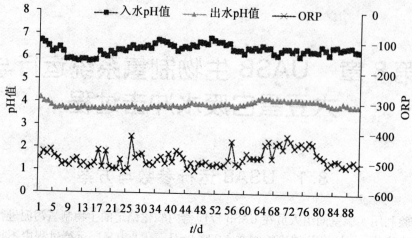

图 8.1　UASB 运行阶段入水、出水 pH 值及 ORP 变化情况

8.2.2　COD 去除率变化情况

　　在反应器的运行过程中,控制入水 COD 浓度一直维持在 4 000 mg/L。如图 8.2 所示,第一阶段 COD 去除率较低,稳定时维持在 12% ~ 15%;第二阶段开始后,每次提高 pH 值时 COD 去除率都呈现降→升→降直至基本稳定的趋势,出水 pH 值为 3.80、3.85、3.94、3.98,稳定时的 COD 去除率平均值分别为 23%、16%、24%、28%;第三阶段,红糖与大豆蛋白废水的浓度比梯度为 3:1、1:1、3:1、1:0,开始时由于混合底物的投加 COD 去除效率下降,一方面是因为突然改变底物成分菌种不适应,另一方面由于 UASB 适合处理的高浓度大豆蛋白废水含量少,随后提高大豆蛋白废水的比例,COD 去除率也随之增加,但发现产气量产氢量下降明显,所以在此降低大豆蛋白废水的比例,COD 去除率也随之降低。

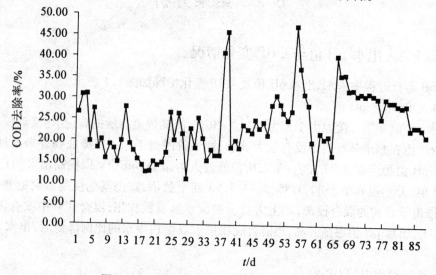

图 8.2　UASB 运行阶段 COD 去除率变化情况

8.2.3　产气量与氢气含量变化

运行阶段反应器的产气量与氢气含量变化情况如图 8.3 所示。实验表明,以红糖为底物,COD 入水浓度维持在 4 000 mg/L 时稳定,第一阶段产气量稳定时达 9 L/d 左右;第二阶段提高 pH 值后产气量呈先升后降的趋势,产气量最大、在 pH 值为 3.94 时达 15 L/d,是 pH 值为提高前的 1.7 倍。Hwang 等利用 CSTR 反应器的研究认为 pH 值低于 4.0 时,所有微生物都会受到抑制,所以,pH 值为 4.0 通常被认为是发酵法生物制氢工艺中的控制下限,但本研究中,UASB 此段运行过程一直是在 pH 值小于 4.0 条件下运行的,并且当 pH 值达 3.94 时产气量最大。这与郭婉茜等人研究中发现 EGSB(颗粒污泥膨胀反应器)在 pH 值为 3.9 时形成高效产氢的研究结果大致相同。第三阶段混合底物投加过程中产气量有所下降,大豆蛋白废水比例越高,产气量越低,降低大豆蛋白废水比例后产气量随之恢复,结果表明处理红糖废水与大豆蛋白废水混合型底物时,红糖与大豆蛋白废水浓度比为 3:1 时处理效果较好,产气量约为 9 L/d。氢气含量在第一、二阶段均在 60% 左右,最高时达 67.73%;在第三阶段由于突然改变底物成分造成菌种不适应的关系,初始时产气量波动较大,后随着大豆蛋白废水的比例增高而减少,随大豆蛋白废水的比例降低而增加。但产气量没有原先未做改变时大,原因是产氢菌种受到混合底物中大豆蛋白废水的影响,生物特性发生了一定改变,需要恢复一段时间才能达到原来的水平。

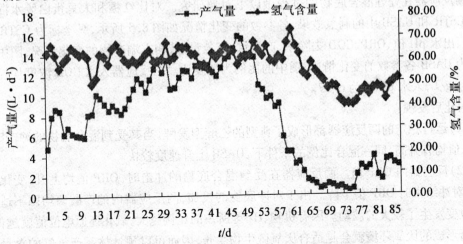

图 8.3　UASB 运行阶段产气量与氢气含量的变化情况

8.2.4　液相末端产物的变化

运行阶段液相末端产物的变化情况如图 8.4 所示。由于反应器开始运行时已经达到了稳定的乙醇型发酵阶段,液相末端发酵产物中乙醇、乙酸的含量相对较高,丙酸的含量较少,第一阶段稳定后乙醇、乙酸的含量总计占液相末端发酵产物的 85% ~ 90%;第二阶段开始后,乙醇、乙酸的含量变化趋势相同,含量最大时出水 pH 值为 3.94,此时乙醇、乙酸的含量总计占液相末端发酵产物的 90% ~ 93%;第三阶段,随着混合底物的投加,乙醇、乙酸含量降低,丙酸的含量逐渐升高,但乙醇、乙酸的总量仍大于丙酸的总量。

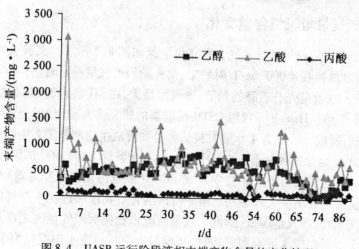

图 8.4　UASB 运行阶段液相末端产物含量的变化情况

8.3　混合底物在 CSTR 和 UASB 中制氢效果对比

　　CSTR 与 UASB 两种生物制氢反应器在稳定运行后都处理了红糖与大豆蛋白混合底物,现对两反应器在处理混合底物的过程做以下对照研究。对比红糖和大豆蛋白废水混合底物在 CSTR 和 UASB 中的制氢效果,各参数的变化情况如图 8.5 所示,纵坐标为 CSTR 入水 pH 值、出水 pH 值、ORP、COD 去除率、产气量、产氢量、液相末端产物的变化情况,图中曲线对应为 UASB 各参数的变化情况;图中的比例为浓度比。两反应器入水 COD 浓度均控制在 4 000 mg/L,入水 pH 值为 6~7。

　　对比后发现:

　　(1)运行稳定的两反应器都形成了典型的乙醇型发酵,当其受到混合底物的冲击时,出水 pH 值均有升高,同一混合比例的条件下,UASB 上升速度较快。

　　(2)反应器内 ORP 值。两反应器在受到混合底物的冲击时,ORP 值均上升,变化趋势相同,对冲结束时 ORP 值下降。由于对冲底物的投加,两反应器内的产酸菌均因不适应环境的改变发生了较大的波动。因有机物、H_2 等所占的比例越大,氧化还原电位值就越低,体系中所形成的厌氧环境就会越适合厌氧微生物生长,因而可以预计体系产氢气的含量的变化趋势。

　　(3)COD 去除率。CSTR 反应器在稳定运行后期,COD 去除率为 30% 左右,混合底物投加至 COD 去除率稳定时降至 20%;UASB 在稳定运行后期的去除率为 28%,混合底物以3:1 比例投加时变化较大,去除率下降,底物变为 1:1 后稳定在 30% 左右,证明了 UASB 自身处理大豆蛋白废水有一定的优势;恢复红糖的过程中 CSTR 的 COD 去除率缓慢上升,而 UASB 的去除率呈下降趋势。

　　(4)产气量及氢气含量。因接种时期的污泥浓度不同,加上驯化过程中有所流失,本实验中 CSTR 反应器在稳定运行后期的产气量在 5 L/d,较 UASB 反应器同一时期低,氢气含量两反应器在稳定运行后期均达到 60%。混合底物在投加过程中对两反应器的影响情况大致相同。若设定混合底物发酵制氢过程中具有同样的产气量效果,则可选用 UASB 反应器,因其在产气量为一定的前提下对 COD 的降解速率大于 CSTR 反应器。

(5)液相末端产物的变化。在混合底物投加过程中,液相末端产物也因环境的改变发生变化,两反应器达到同一产气量的过程中,乙醇、乙酸都有由增加到减少的变化,但又有差别:CSTR 反应器对冲过程中,乙醇含量大多大于乙酸含量;而 UASB 体系的变化比较大,乙酸变化幅度比较大,且多数时超过乙醇的含量。这说明就液相末端产物而言,CSTR 反应器比 UASB 反应器更易处理混合型底物。

(6)若设定混合底物发酵制氢过程中具有同样的产气量效果,可选用 UASB 反应器,因其在产气量为一定的前提下对 COD 的降解速率大于 CSTR 反应器。如若要长期处理混合型底物且形成乙醇型发酵,CSTR 系统比 UASB 系统稳定。

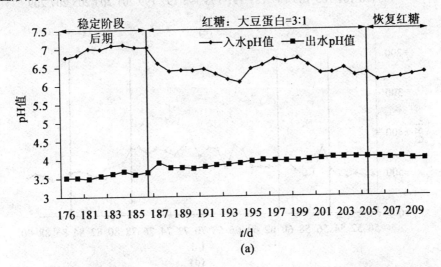

(a)

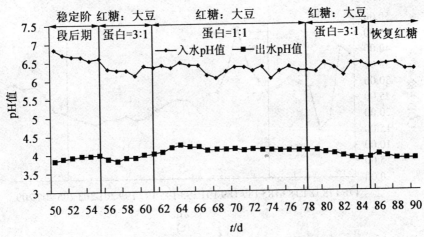

(b)

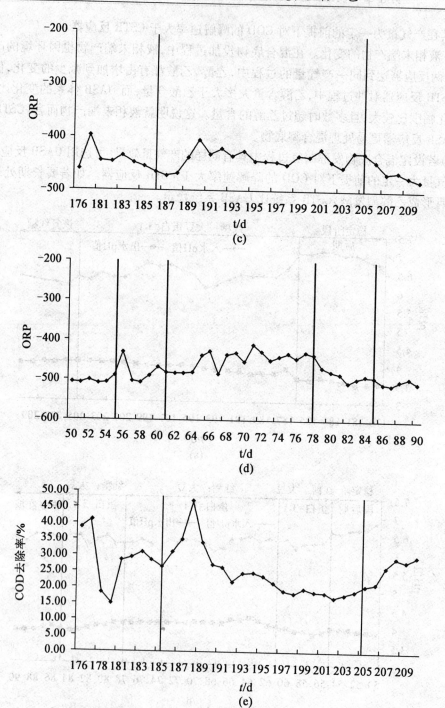

(c)

(d)

(e)

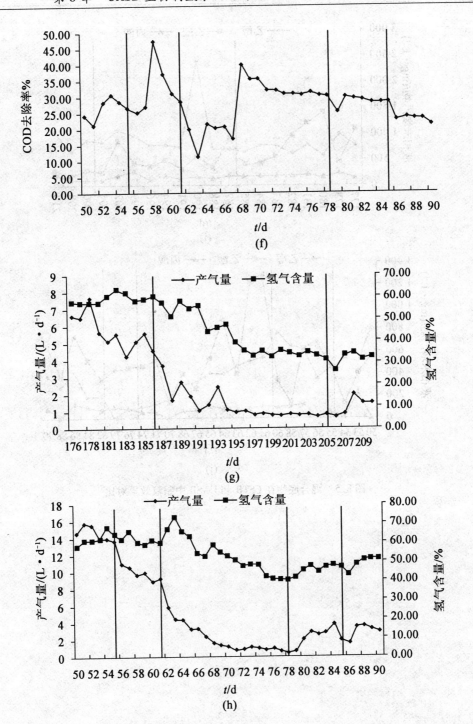

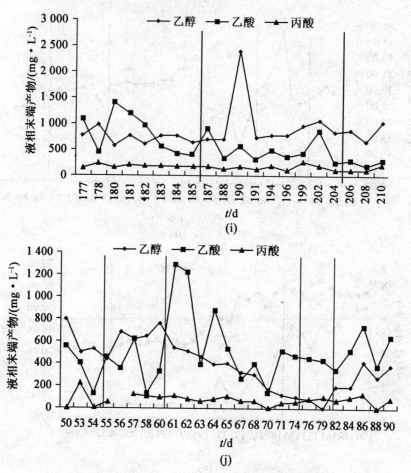

图 8.5　混合底物在 CSTR 和 UASB 中制氢效果对比

第四篇　厌氧系统的系统冲击与活性污泥强化恢复作用

第9章 连续流生物制氢系统的负荷冲击

9.1 CSTR 生物制氢反应器的运行特性

厌氧反应器的高效、稳定运行是设计者追求的主要目标之一。连续流生物制氢系统采用连续流搅拌槽式反应器 CSTR，完成对 CSTR 生物制氢反应器进行启动的研究，本章着重考察了反应器达到稳定的乙醇型发酵后，底物的有机负荷由 5 500 mg/L 提高到 8 000 mg/L 的过程中考察研究了反应器的运行特性。通过研究和分析各种工程控制因子和生态因子对反应器产氢效能的影响，确定 CSTR 反应器用于生物制氢的工程运行参数，为工程控制提供了研究依据，进而推动生物制氢的工业化进程。

9.1.1 运行过程中有机负荷的提高方式

有机负荷通过进水浓度和水力停留时间的双重调节，本次运行过程是用间歇好氧污泥作为接种污泥，反应参数控制如下：

①反应器的运行温度：(35 ± 1) ℃。

②反应器的 HRT：6.2 h。

③进水 COD 质量浓度：5 500 mg/L。

运行过程中，HRT 保持不变，通过将反应器的进水 COD 质量浓度由 5 500 mg/L 提高到 8 000 mg/L，进而提高进水的有机负荷，考察反应器的运行特性以及产氢效能的变化。在其他启动参数基本一致的条件下，采用不同的启动负荷可以产生不同的微环境条件，使优势种群在适合生长的微环境中逐渐得到强化。

9.1.2 运行过程中液相末端产物的变化规律

此阶段的研究是基于反应器启动后系统达到稳定的乙醇型发酵的基础上，探讨底物浓度负荷改变对产氢量和末端产物以及整个系统的影响。在乙醇型发酵的状态下，液相末端产物中主要是以乙酸和乙醇为发酵产物，其产量占到总发酵产物的 83%，其他的发酵产物丙酸和丁酸的含量较低。随着 COD 浓度的增加，稳定的微环境被打破，第 10 天系统逐渐过渡到混合酸发酵，系统的末端产物也发生了较大的变化，其末端产物乙醇、乙酸、丙酸、丁酸的量分别达到 547.857 mg/L、177.004 mg/L、313.517 mg/L、215.134 mg/L，见表 9.1。随着发酵的进行，系统再次逐步形成乙醇型发酵，第 14 天末端产物中乙醇和乙酸的含量再次分别达到 675.12 mg/L、103.499 mg/L 和 72.28%、11.85%。第 15 天 COD 浓度负荷增加到 7 800 mg/L 时，稳定的系统再次发生变化，其中各末端产物的含量和比例也发生了较大的变化，丙酸和丁酸的量增加，总挥发酸量增加到 1 740.177 mg/L，大量挥发酸的积累会使微生物的活性产生抑制。这说明厌氧活性微生物已无法承受有机负荷提高造成的环境变化，其活性受到严重的抑制，表现在反应器产氢能力急剧下降，系统的产酸发酵类型也发生了变化。数据表明底物浓度负荷过高会导致底物转化率降低,使厌氧发酵高效稳定的前提是要有合适的底物浓度范围。

表9.1 底物负荷变化对液相末端产物的影响

时间/d	乙醇/(mg·L⁻¹)	乙酸/(mg·L⁻¹)	丙酸/(mg·L⁻¹)	丁酸/(mg·L⁻¹)
1	432.985	92.631	9.450	87.181
7	188.670	25.768	11.996	44.433
9	388.471	145.124	29.718	75.373
10	547.857	177.004	313.517	215.134
11	556.208	1 381.143	887.642	795.852
13	501.274	132.868	30.598	99.519
14	675.019	103.499	23.499	71.465
16	605.019	301.591	203.909	221.175
18	705.019	345.019	385.119	305.020

(表头末端产物列为"乙醇""乙酸""丙酸""丁酸",行为"时间/d")

9.1.3 运行过程中产气(氢)的变化规律

产氢量和氢气含量是衡量厌氧发酵系统产氢效率高低的一个标准,本章以糖蜜为底物,考察了底物COD负荷的变化对产氢系统的影响。在稳定的乙醇型发酵阶段,系统的产气量及产氢量分别为25.39 L/d和11.39 L/d,这也就说明了底物糖蜜是发酵微生物很好的碳源,当COD浓度由5 500 mg/L增加到7 400 mg/L的过程中,系统的产氢量及产氢效率的变化趋势呈现正相关性,变化趋势如图9.1所示。第15天COD浓度达到7 800 mg/L时,系统的产氢量获得一个最小值2.30 L/d,其含量仅有10.9%。在此种情况下厌氧活性污泥的活性受到严重的抑制,系统内的微生物不能适应有机负荷升高而引起环境变化,反应器中的发酵类型发生了明显的变化,产氢能力立即下降。COD浓度在一定范围内变化时,随着COD浓度的增加,气体产量及氢气产量都随之上升。在COD浓度为5 500 mg/L左右时,气体产量及氢气产量都很低,这主要是因为在此浓度条件下,由于有机底物提供的营养物质仅够微生物正常的生长和新陈代谢所需,没有更多的能量转化为氢气释放出来。随着COD浓度的不断上升,产气量及产氢量先不断增加,之后逐渐趋于平衡,出水中也开始出现了没有利用的糖,说明在微生物总量相对稳定的情况下,系统中微生物的产氢能力已经达到最大;当COD浓度为7 800 mg/L后,气体总产量开始下降,出水中糖的含量也增加,此时这一浓度值超出了微生物降解利用的最大限度。厌氧活性污泥发酵产氢系统对底物浓度负荷提高造成的冲击具有一定的适应能力,但这种适应能力是有限度的,其表现在厌氧活性污泥微生物无法承受有机负荷提高造成的环境变化,使其活性受到严重的抑制,反应器产氢能力急剧下降,有机废水产酸发酵的类型也发生了改变。

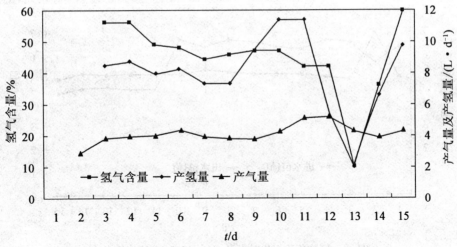

图9.1　底物负荷变化对产气量及产氢量的影响

9.1.4　运行过程中 pH 值和 ORP 的变化规律

在厌氧发酵的过程中,pH 值和 ORP 是控制系统发酵类型的主要影响因子。本章主要研究 COD 浓度的变化对 pH 值和 ORP 的影响。其中,ORP 也是影响微生物正常生长繁殖的重要环境因子之一,对微生物的生存状态有着直接的影响,不同的微生物对生境的氧化还原点位要求是不同的,一般好氧微生物要求的 Eh 为 300 ~ 400 mV,当 Eh 在 100 mV 以上时,好氧微生物都可以进行生长;兼性厌氧微生物在 Eh 为 100 mV 以上时进行有氧呼吸,Eh 在 100 mV 以下时进行无氧呼吸;专性厌氧细菌要求 Eh 为 − 200 ~ − 250 mV。

底物变化对氧化还原电位的影响如图9.2所示。在系统稳定初期,随着系统 COD 浓度的增加,进水和出水的 pH 值在一个较小的范围内波动,经过一段时间的发酵,当 COD 浓度达到 7 800 mg/L 时,出水的 pH 值逐步稳定在 4.6 左右。当 COD 浓度增加到 8 000 mg/L 时,系统内出水的 pH 值开始降低,此时系统的 ORP 也开始升高到 − 25 mV,如图9.2和9.3所示。这是因为底物浓度的增加,使大量的酸性产物在系统中积累,在此酸性环境中,微生物的活性受到了严重的抑制或者过酸的环境不利于微生物的生长,甚至会造成生物量的流失。反应系统活性污泥受到了更大的"冲洗"作用,同时导致 pH 值的迅速下降,使活性污泥絮凝能力下降,甚至解体,使大量的微生物流失,表现在氢气量突然下降,导致产气量急剧下降以致趋于零。这种过高浓度会导致系统出现过酸状态,使生物活性受到极大的抑制,我们把这种状态称为"过酸"状态。产酸相的"过酸"状态在正常运行中不仅会抑制产酸相生物的自身活力和降低处理效果,如不及时采取措施,则极易导致产甲烷相的酸化,从而导致整个运行过程的失败,所以在运行过程中应采取人工添加酸碱缓冲剂的方法来尽量避免这种状态的发生。

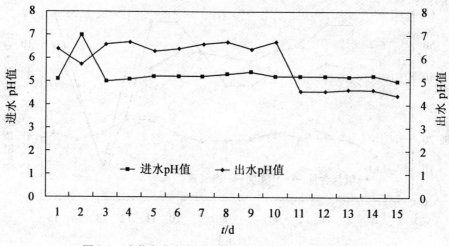

图 9.2 底物负荷变化对出水 pH 值和进水 pH 值的影响

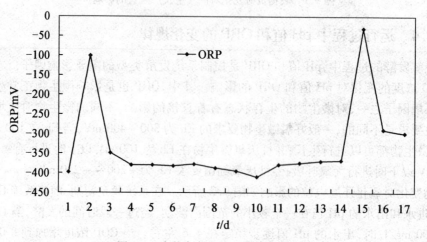

图 9.3 底物负荷变化对 ORP 的影响

9.1.5 负荷变化对微生物生态变异性的影响

有机底物作为微生物生长的营养物质,其浓度直接影响到微生物的生长与繁殖。在底物浓度从 5 500 mg/L 增加到 7 400 mg/L 的过程中,液相末端产物量从乙醇型发酵演变为混合酸发酵,最终系统内的反应稳定为乙醇型发酵,这一过程中系统内的发酵微生物从乙醇菌群渐变为混合菌群,随着发酵的进行,混合菌群逐渐失去了竞争力,乙醇菌群再次成为优势菌,说明产酸相反应器中的厌氧活性污泥完全建立了以乙醇型发酵菌群为优势的生态群落。微生物的数量随着底物浓度的增加而大量繁殖,其表现为产气量及产氢量的升高。当底物浓度升高到 7 800 mg/L 后,有机物没有充分被微生物利用,从而大量的有机物从反应器中流失,大量有机底物的积累会对微生物产生毒害作用,使得反应器内的微生物被出水带出,导致生物活性下降,生物量的减少导致产氢速率快速下降,这是因为系统内的厌氧微生物对浓度负荷的冲击适应能力是有限的,过高的浓度负荷会引起微系统内微环境剧烈的变化,从而影响微生物的生长,最终影响产气量及产氢量。由此得出,适当地增大底物浓度负荷会达到提高产氢速率的目的,但是浓度负荷过高反而不利于产氢,产酸发酵细菌无法适应这种过剩的营养生境,酸性物质的积累使产酸发酵细菌逐渐在竞争中失去优势地位,表现为菌群发酵能力差,产气量及产氢量减少。这些现象表明,厌氧发酵反应系统中微生物种群存在着较大的差异性,在不同容积负荷条件下,微生物在不同的生境中经历了各自的驯化过程后,由于不同的生态条件会诱导这种菌群定向演化,形成了不同的发酵类型,其直接表现在 COD 去除率、产气量及产氢能力上的显著差异。

在此阶段的反应过程中,反应系统的产气量和产氢量都出现了先下降再上升并逐渐达到稳定状态这一变化规律,这是由于底物负荷的提高产生了冲击作用,进而使反应器内部的环境条件发生了变化,而环境突然的变化对系统内微生物的活性产生了直接影响,其表现为系统的产气量和产氢量下降。然而,产氢发酵微生物菌群对于环境的变化具有一定的调节适应能力,随着发酵时间的延续,逐步适应了这种变化了的环境,生物活性也逐步得以恢复并达到新的代谢水平,表现为系统产气量和产氢量的逐步提高并逐步达到一个新的稳定状态。

9.2　CSTR 生物制氢反应器的负荷冲击

本试验借鉴废水生物处理的厌氧工艺,采用厌氧发酵生物制氢的反应设备,以甜菜制糖厂的废糖蜜和人工稀释的赤糖为底物,对其进行了连续流发酵制氢试验,测定底物变化对 CSTR 反应器的产气效能及液相末端产物的影响。本研究为采用什么物质作为底物厌氧发酵最具有工业应用的可能性奠定了基础,同时对推进工业化的进程具有重要的意义。

微生物发酵产氢过程受诸多因素的影响,如底物种类、废水性质、反应器构型等。底物种类是微生物进行生长和繁殖的基础,不同的微生物对底物的利用具有一定的选择性。这是由于底物在组成、分子结构和理化性质等方面存在差异,因而其发酵产氢途径也有所不同,通常结构简单、相对分子质量小的化合物可直接被微生物利用转化为氢气。

9.2.1　底物变化对液相末端产物的影响

以厌氧污泥为接种原料,以糖蜜和赤糖为底物厌氧发酵,在底物浓度负荷相同的条件下,分析底物变化对降解有机物过程中总挥发性脂肪酸(VFAs)和醇含量的影响,如图 9.4 所示。反应器中污泥量为 25.88 g(MLVSS)/L,以糖蜜为底物启动反应器,在厌氧发酵的初期,发酵代谢产物中丙酸的含量较高,其比例占总液相末端产物的 45% 左右,其中乙醇和乙酸的比例分别占到 32% 和 18%,这说明发酵初期丙酸菌群在产酸发酵菌群中占优势。当反应运行到第 8 天,丙酸含量出现波动并逐渐降低,其他末端产物也经过短暂的波动后开始回升。经过 22 d 的运行发酵,系统逐渐达到稳定,乙醇、乙酸、丙酸和丁酸的量分别是 187.6 mg/L、256.3 mg/L、174.9 mg/L 和 118.1 mg/L,从液相末端产物的比例可以看出,反应系统呈现出混合酸发酵。在反应运行的第 28 天,即在混合酸发酵的稳定运行期,改变发酵底物,以赤糖水代替糖蜜来研究底物变化对系统液相末端产物的冲击变化,其表现在发酵底物改变后前 11 天内末端发酵产物的比例发生了较大的变化,各种挥发酸的产量经过短时间的下降后又再次上升到原来水平。当运行到第 38 天时,末端产物的比例再次发生变化,其中乙醇和乙酸的比例呈现出上升的趋势,而丙酸和丁酸的比例却不断的下降。但反应器中挥发酸总量并无明显的减少,说明系统内的发酵菌群代谢还是比较旺盛的,只是菌群结构发生了变化。经过 56 天的运行后,系统再次达到平衡,其中乙醇、乙酸、丙酸、丁酸的量分别为259.8 mg/L、276.7 mg/L、87.1 mg/L 和63.2 mg/L,其中乙醇和乙酸的含量占总产量的78%,呈现出乙醇型发酵,此时的微生物具有较高的氧化有机物的能力,并且系统具有良好的沉降性能。从底物变化后引起总液相末端产物的变化中可以看出,污泥接种到生物制氢反应器之后的驯化过程中,都经历了一个从不适应到适应,从适应到活性逐渐增强的演变过程。

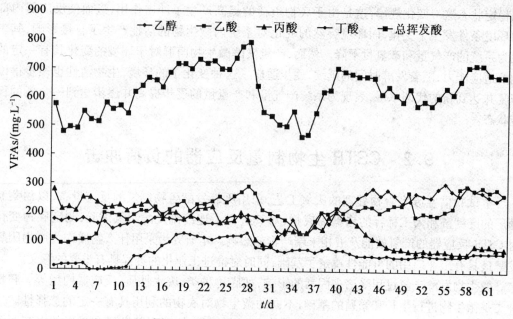

图9.4 底物变化对液相末端产物的影响

9.2.2 底物变化对产氢效能的影响

图9.5 所示为底物变化对产氢量和氢气含量影响变化的曲线图。在反应器启动的第6天,反应器开始产气,这表明预处理过的厌氧活性污泥在启动期间仍然保持较高的生物活性。反应运行初期以糖蜜为底物,系统中的微生物适应厌氧环境要经历一定的变化,致使氢气产量和氢气含量较低,呈现出一定的波动性。后续随着微生物活性逐渐恢复,从第14天开始,氢气产量及含量开始增加并逐渐趋于平衡,经过 29 d 的运行后系统达到稳定,获得的氢气产量及氢气含量分别为0.63 L/d 和20.7%。这说明在底物浓度相对稳定的情况下,反应器中微生物的产氢能力已经达到最大。第 30 天系统的底物发生变化,用同一浓度负荷的有机底物赤糖代替糖蜜废水厌氧发酵,底物改变初期,系统的产氢量和氢气含量出现了较大的波动,出现一个最小值分别为 0.20 L/d 和 15.2%,这是因为底物突然改变对系统造成了一定的冲击,从而使微生物的活性也发生了变化。经过 12 d 的驯化,微生物活性逐渐恢复,产氢量和氢气含量再次呈现出上升的趋势,但由于发酵系统出现过酸的趋势,使得产氢量再一次出现波动,在人工调节酸碱度的情况下,经过一段时间的运行,第50天系统恢复正常,产氢量和氢气含量逐渐增加并趋于稳定,达到平衡时的均值分别为 1.46 L/d 和46.2%,其值是以糖蜜为底物时的 2.32 倍。从结果分析中可知:在相同负荷运行的条件下,有机底物赤糖的产氢量远高于糖蜜的产氢量,这说明了厌氧发酵污泥菌种对底物具有明显

的选择性,同时也反映出不同底物之间的结构差异性和降解的难易程度,其表现在产氢量和氢气含量的差异上。

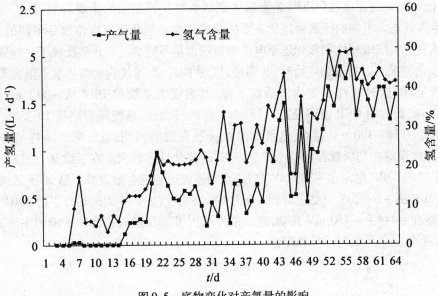

图9.5　底物变化对产氢量的影响

9.2.3　底物变化对 COD 去除率的影响

用相同负荷的不同底物来研究发酵产氢效能,图9.6是不同底物变化对 COD 去除率的影响情况。以糖蜜为发酵底物时,COD 去除率的波动较大,当系统进入稳定期后,COD 的去除率维持在7%左右。当底物发生变化时,COD 的去除率出现暂时性的下降和短期的波动,当反应运行到48 d后,系统有机底物的去除率最高达到31.2%,随后出现短暂的波动并稳定在13%左右。从图9.6可以看出,微生物对厌氧环境的变化具有一定的自我调节和平衡能力,从而使系统呈现出良好的运行稳定性,系统内微生物种类的多样性,保证了系统内代谢途径的多样性,这有利于废水中各种有机成分的有效降解。

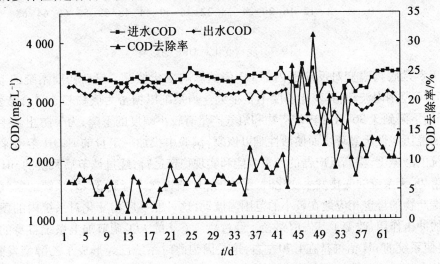

图9.6　底物变化对 COD 去除率的影响

9.2.4 底物变化对 pH 值和 ORP 的影响

pH 值和氧化还原电位(ORP)是影响厌氧微生物生长繁殖的重要影响因子,决定着微生物的生存状态。不同的厌氧生境所需要的酸碱环境和氧化还原电位也是不同的,不同的底物厌氧发酵对酸碱环境和氧化还原电位的要求也是不同的。图 9.7 反映了底物变化期间 ORP 的变化情况。以糖蜜为底物时,初期经过 2 d 的发酵,系统内的溶解氧逐渐被系统中的微生物所消耗,这时兼性微生物的活性下降,其表现为系统的 ORP 从 - 112 mV 下降到 - 316 mV。启动初期 ORP 很不稳定,呈现出一定的波动性,系统运行到第 10 天时,ORP 从 - 446 mV 上升到 - 390 mV 左右,这可能是在厌氧发酵的初期,系统需要消耗部分的溶解氧,因此导致反应初期厌氧程度较低并且 ORP 的波动性比较大。在后续运行过程中,系统逐步趋于稳定,ORP 稳定在 - 390 mV 左右,直到系统达到混合酸发酵。第 28 天系统底物发生变化,ORP 从 - 365 mV 突然上升到 - 207 mV,在后续经过 40 天的运行发酵,ORP 逐渐下降,并最终在 - 444 ~ - 450 mV 波动,这一条件范围可能是形成乙醇型发酵的主要原因,并且决定了生物制氢系统的运行稳定性。

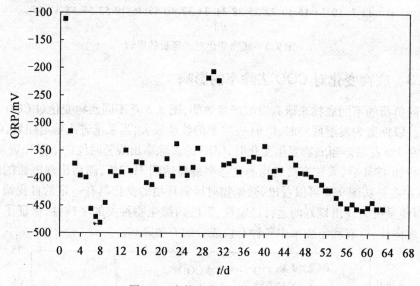

图 9.7 底物变化对 ORP 的影响

图 9.8 是底物改变对反应器内部 pH 值的影响变化情况。启动初期系统的 pH 值在 4.61 ~ 5.07 范围内波动,其变化幅度不是很大。当系统以糖蜜为底物趋于混合酸发酵时,pH 值开始下降到 3.86,液相末端产物和氢气产量有较小幅度的下降,为了防止微生物群落长时间的经历酸性厌氧环境而使活性难以恢复,试验中投加一定量的 NaOH 溶液来有效地调节系统的酸碱度,提高反应器的产氢效能和实现稳定运行,经过调节后系统的 pH 恢复到 4.07。第 28 天系统的底物发生变化时,系统的 pH 值再次下降到 3.75,系统的氢气产量和液相末端产物的量也相应地在较小的范围内波动,这可能是底物变化对系统内的菌群造成了一定的冲击作用,改变了其发酵路径。经过后续 6 d 的人工调节加上系统自身的恢复作用,最终使系统的 pH 值维持在 4.70 左右,这是因为此时系统已经形成了乙醇型发酵,乙醇型发酵的产物乙醇不会加速系统的 pH 值继续降低。

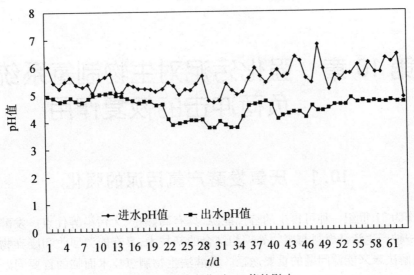

图 9.8　底物变化对 pH 值的影响

9.2.5　底物变化对微生物生态变异性的影响

　　微生物菌群结构决定了液相末端产物发酵产物的比例分布,维持反应器内底物浓度负荷为 3 000 CODmg/L 时,产酸发酵细菌的生理代谢产物没有对其自身的生长产生抑制作用。当以糖蜜为底物时,反应器启动的初期,由于部分兼性产气微生物存活在反应器中,会有少量的发酵气体产生,随着反应器内溶解氧不断地被消耗,这部分微生物逐渐被淘汰,产生适应新环境的产酸发酵菌群,复杂的微生物菌群共同作用在表观上呈现出混合酸发酵特性,随着发酵的进行,产酸发酵菌群的产氢能力不断增长,在混合酸发酵稳定运行期间,最大产氢量及产氢率为 0.63 L/d 和 20.7%,生物制氢反应器混合酸发酵稳定运行期各种产酸发酵细菌处于均势地位,其竞争能力相当,此条件下适合大多数产酸发酵细菌的生长,在这一条件下形成的微生物菌群在演替过程中逐渐稳定,产酸发酵细菌种类丰富。反应器启动阶段,系统的微生物菌群处于一种“亚稳定”状态,通过外部运行条件使系统群落发生演替和优势种群变迁,并最终形成了稳定的微生物菌群结构。当底物发生变化时,底物变化对厌氧微系统造成了一定的冲击作用,系统内的微生物发生了变化,经过 12 d 的驯化,微生物群落在特定的底物条件下又发生了演替,液相末端产物中的比例发生了较大的变化,其中乙酸和乙醇的比例不断上升,丙酸和丁酸的比例却逐渐下降,但是挥发酸总量没有发生变化,说明此时系统内微生物活性仍然旺盛,只是菌群结构发生了变化,经过 56 d 的运行后,混合菌群演替为乙醇型发酵菌群,此时的微生物具有较高的氧化有机物的能力,并且系统具有良好的沉降性能。

　　反应器启动后,由于其中的兼性菌的代谢活性暂时保持较高的水平,从而使得反应器呈现出 COD 去除率的波动性较大,但由于环境突然从好氧变为无氧环境,部分微生物因不适应突变环境而死亡,使得系统中微生物数量减少,活性污泥的生物活性迅速降低,COD 去除率出现下降和短期波动,甚至几乎为零。经过 48 d 的驯化,厌氧菌的活性得到加强,反应的有机物去除率提高,反应器的 COD 去除率开始逐渐上升,去除率上升到 31.2%,随后出现波动并逐渐稳定在 13% 左右,并在以后的运行中基本保持这一水平。

第 10 章　强化污泥对生物制氢系统负荷冲击的恢复作用

10.1　厌氧发酵产氢污泥的强化

氢能作为 21 世纪一种可再生的替代能源,具有高热量、无污染等优点。发酵法生物制氢技术是一种产生清洁燃料与废物处理相结合的新技术,具有能源回收和废弃物处理的双重功效,是解决未来能源问题的重要途径。发酵法生物制氢技术面临的首要问题是如何提高反应器的产氢效率和降低制氢成本,是生物制氢工艺产业化发展的关键。可以看出,无论采用哪种反应器工艺形式,影响产氢效率的关键因素都在于发酵细菌的产氢能力,以及发酵菌群的组成和结构。为了获取较高的氢气产量,在反应器的启动过程中,调整外部可控制参数,尽可能在较短的时间内建立适合发酵制氢的微生物种群,减少消耗氢气和对产氢没有贡献的细菌种类和数量,也将使产氢量在一定的范围内大幅度地提高。

从经济性角度来考虑,在实际操作中只能花费较小的代价来制取较多的氢气。在反应过程中,产氢细菌产生的氢气会被甲烷菌作为能量来利用。因此,在发酵过程中如何减少体系内甲烷菌的存在数量以及抑制其活性是制氢过程中需要控制的重要内容。在以往的实验过程中,研究者通过研究工程控制因子和生态因子如 pH 值、HRT 等方面的对策,本质都是通过控制过程,降低体系内甲烷菌的活性,从而提高产氢效率。污泥的活性在很大程度上决定着系统的处理效果和稳定运行。合理的强化污泥,可以使污泥保持良好的处理能力,保证厌氧系统高效处理,而且能够提高整个系统的负荷冲击能力。适当地强化预处理污泥可以显著提高系统的产氢效能及总末端产物的量,而且可以使系统快速进入最佳的产氢状态。因此,污泥热强化是产氢系统正常运行并保持较高效率的前提。

本书采用了具有较低工业化应用成本的曝气预处理方式,然后将污泥用 70 ℃水浴恒温加热 30 min,形成热强化污泥,再接种至反应器,以糖蜜废水为底物,利用 CSTR 反应器作为反应装置,取得了较高的氢气产量,有利于微生物能够彻底分解高负荷的有机底物和增加反应器的生态稳定性,并且能保持较高的产氢能力和产氢效率,这为厌氧处理、综合利用氢气的工艺设计提供了基础研究。污泥强化技术应用的一个重要领域是有机废水的治理,其目标是提高目标底物的降解能力及产氢量,可以向废水处理系统的活性污泥中投加经过热预处理强化污泥,以此来改善污泥的性能,降低污泥产量,缩短系统的启动时间。

10.1.1　污泥驯化实验装置

试验所用的驯化污泥来源于哈尔滨市文昌污水处理厂处理车间的剩余污泥,将其经过沉淀、淘洗、过滤去除大颗粒的无机物质,然后用 COD、N、P 质量比为 1 000:5:1 的糖蜜废水间歇曝气的方式培养 2 周。污泥驯化实验系统主要由曝气装置、驯化池、加热温控装置三个部分组成。污泥驯化实验装置如图 10.1 所示。

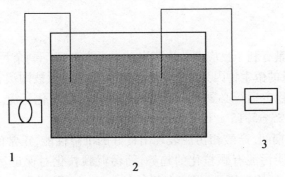

图 10.1　污泥驯化实验装置

1—曝气装置;2—驯化池;3—温控装置

10.1.2　接种污泥的预处理

在实验中为了获取氢气,就必须抑制或者杀死耗氢微生物(主要为产甲烷菌),避免污泥厌氧消化过程中氢的转化。这是由于污泥中有一些产氢微生物能形成芽孢,其耐受不利环境条件的能力比一般的微生物强,因此通过预处理的方式来抑制污泥中的耗氢微生物。目前常用的预处理方法主要有热处理、曝气氧化和超声波处理等。然而不同的预处理条件对混合菌系的组成有较大的影响,进而对产氢量也会有不同程度的影响。本书采用经济价值较低的热强化预处理污泥来研究热强化污泥对产气量、产氢量及产氢效率的影响。

1. 污泥预处理方式

研究表明:经过预处理的污泥产氢量及总挥发酸量明显高于未经任何预处理的污泥。加热预处理这种方法是以杀灭不产芽孢的细菌为目的来抑制耗氢细菌的生存。曝气氧化预处理是通过提高系统的氧化还原电位值来达到杀死严格厌氧细菌,而系统内的兼性细菌和产芽孢的细菌可以在这种环境下存活。

本实验先采用间歇曝气培养的方式,用 COD、N、P 质量比为 1 000:5:1 的糖蜜废水间歇曝气的方式培养 2 周。在曝气氧化的过程中,大量的厌氧微生物因不适应环境的剧烈变化而被淘汰,曝气池上层出现了大量污泥絮凝体,每天停曝 2 h 静沉,去掉上层被"淘汰"的污泥。间歇曝气培养 2 周后,当污泥的颜色由起始灰黑色变为黄褐色,并形成沉降性能良好的絮状污泥时接种至反应器中。当启动的反应器达到稳定的乙醇型发酵时,用 70 ℃水浴恒温加热 30 min 形成的热强化污泥来研究强化污泥对产氢量及代谢进程的影响。向反应器中投加强化污泥分为两个阶段,第 1~13 天为第一运行阶段,加入反应器的热预处理强化污泥的活性 VSS/SS 为 55%,接种量为 2 L;第 13~21 天,调节进水有机底物 COD 质量浓度从 4 500 mg/L 升高到 6 500 mg COD/L;第 22 天以后的为第二阶段,加入热预处理强化污泥的活性 VSS/SS 为 56%,接种量为 2 L,其他参数控制不变。

污泥的活性在很大程度上决定着系统的处理效果和稳定运行,合理地强化污泥,可以使污泥保持良好的处理能力,保证厌氧系统高效处理,而且能够提高整个系统的负荷冲击能力。适当的强化预处理污泥可以显著地提高系统的产氢效能及总末端产物的量,而且可以使系统快速进入最佳的产氢状态。这在降低生物制氢连续流培养成本的同时提高了生产工艺的可行性,为污泥强化系统的工程控制提供了研究依据,进而推动生物制氢的工业化进程。

2. 污泥接种量

较高的污泥接种量有利于反应器的快速启动。污水处理厂剩余污泥经曝气培养、厌氧发酵时,其中会有大量的微生物因为不适应环境的变化而逐渐被淘汰、死亡,因此厌氧发酵产氢反应器的建立并稳定运行必须要保证有足够数量的可驯化污泥。本次实验接种污泥量为 SS = 9.36 g/L,VSS = 5.15 g/L,VSS/SS = 55%。

在试验正常运行期间,产酸相污泥表现出良好的沉降性能,正常的产酸相活性污泥呈絮状,其结构紧密,说明污泥有颗粒化的趋势,而污泥颗粒化对保证污泥有良好的沉降性能,保持反应器中有较高的生物量,提高有机物的去除率以及增加反应器的抗负荷冲击能力,对提高系统的运行稳定性都有积极作用。

3. 反应器运行阶段生物量的变化

加入强化污泥的前 4 天,反应器中的生物量有所下降,微生物抗击系统内负荷冲击的变化趋势见表 10.1,VSS/SS 由加入强化污泥前的 55% 减小到 50%,这种现象是由于部分强化后微生物不适应厌氧环境而被淘汰所导致的。随着运行时间的推移,反应器中的生物量开始慢慢增加,当反应进行到第 13 天时生物量基本稳定在 VSS/SS 为 56% 左右。当第二次加入强化污泥后,再次强化的污泥受到新环境的冲击,第二次在较短的时间内出现生物量下降的趋势,VSS/SS 出现波动并下降到 53.1%,经过 7 d 的发酵适应,微生物量再次增加并逐渐稳定在 58% 左右。根据强化污泥加入后发酵过程中 VSS/SS、产气量、产氢量及液相末端产物量的变化情况分析可以得出厌氧活性污泥的活性也经历了一个由递减到递增,从不适应到适应的阶段,最终达到稳定的变化过程。

表 10.1 反应器运行阶段生物量变化

测定次数	SS/(g·L⁻¹)	VSS/(g·L⁻¹)	VSS/SS/%
第 1 次(1 d)	9.36	5.15	55.0
第 2 次(4 d)	15.68	7.84	50.0
第 3 次(13 d)	17.04	9.54	56.0
第 4 次(15 d)	16.49	8.76	53.1
第 5 次(20 d)	21.17	12.28	58.0

10.2 强化污泥对产气量及产氢量的影响

氢气产量及产气量是衡量一个厌氧系统制氢效率高低的一个重要指标,本实验研究了热预处理的强化污泥对已驯化成功的乙醇型发酵菌群的产气量及产氢量的变化情况(图 10.2)。强化前乙醇型发酵稳定阶段的产气量和产氢量分别为 5.39 L/d 和 2.41 L/d,第 1 次加入热预处理强化污泥运行初期的产气量和产氢量并未明显提高,这是因为在强化的初期,由于加入的强化污泥中携带有少量的氧气,使得加入强化污泥的初期阶段系统内有少量的兼性微生物进行耗氧呼吸,消耗自身携带氧气的同时产生 CO_2,所以在加入强化污泥的初期出现氢气量减少的趋势,即携带入的氧分子影响氢分压,可能滋生了好氢菌。随着发酵的进行,微生物消耗了大部分携进系统的氧气,产氢菌逐渐恢复了活力,开始产氢,产氢量也有逐渐稳定上升的趋势。从第 3 天开始产气量和产氢量出现一个明显的上升阶段,但代谢途径并没有改变,仍旧是乙醇型发酵。强化后系统的产气量和产氢量提升并稳定在 6.90 L/d 和 3.32 L/d 左右,分别是强化前的 1.28 和 1.38 倍,氢气含量为 48%。说明经过强化的污泥具有很强的活性,在一定的底物浓度条件下,强化污泥能彻底的利用底物转化为氢气。运行到第 13 天进水有机底物 COD 浓度从 4 500 mg/L 提高到 6 500 mg/L 时,产气量和产氢量明显增加并稳定为 9.20 L/d 和 4.71 L/d,氢气含量为 51.8%,发酵类型转变为混合酸发酵,说明强化污泥的活性随着营养底物浓度的增加而增大。运行到第 22 天第 2 次加入热预处理的强化污泥,强化后第 2 天产气量和产氢量突然下降,这可能是反应器中进入了部分溶解氧,也可能是强化污泥抑制其他细菌的活性,随着后续微生物活性的恢复,产气量和产氢量显著增高并稳定在 12.52 L/d 和 5.47 L/d 左右,分别是两次强化前的 1.36 和 1.16 倍,氢气含量达到 51.9%。从图 10.2 不难看出,产氢量有周期性变化的趋势,在每个周期内,产氢量随着时间的变化可分为四个阶段:反应延迟、开始产氢、持续产氢和产氢衰减。这说明强化污泥能更好地对底物进行分解产氢,强化污泥的活性和微生物的数量对产氢量及系统的稳定性有直接的影响。污泥强化作用可以促进生物制氢反应器的发酵类型向产氢能力更高的乙醇型发酵转变,与此同时,这也表明强化污泥对生物制氢系统负荷冲击具有很好的修复作用,可以使系统快速地达到稳定。

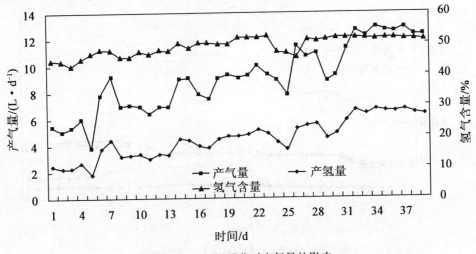

图 10.2　污泥强化对产氢量的影响

10.3　强化污泥对液相末端产物的影响

　　向已经成功驯化的乙醇型发酵系统中加入强化预处理的污泥,研究强化污泥对生物制氢系统代谢进程的影响(图 10.3)。向稳定运行的系统第 1 次加入强化污泥,相应末端产物的量均有小幅度的提升,这是因为污泥强化的过程中,抑制甲烷类细菌的活性,致使初期微生物活性较低。末端产物乙酸、乙醇、丙酸、丁酸的量分别从强化前的 438.89 mg/L、386.51 mg/L、107.45 mg/L、58.53 mg/L 增加至 589.33 mg/L、563.51 mg/L、138.53 mg/L、

134.43 mg/L,乙酸和乙醇的量占总产物的 80%,总挥发酸量从 991.37 mg/L 增加到 1 425.79 mg/L,发酵类型及系统的稳定性没有发生改变。运行到第 13 天进水有机底物 COD 浓度从 4 500 mg/L 提高到 6 500 mg/L 时,发酵产物的组成发生了一定的波动,总挥发酸量增加到1 930.4 mg/L,乙酸和乙醇的比例下降到 66% 左右,而丁酸量从 135.87 mg/L 增加到449.11 mg/L,占总产物的 23.26%,微生物的菌群结构经历了一个演替过程,形成了混合酸发酵。这说明反应器内的发酵菌群代谢旺盛,只是菌群结构发生了变化。反应运行到第 22 天时,再次加入强化污泥,反应器运行进入到第二阶段,系统的微生物群落再次发生变化,乙酸和乙醇的比例上升到 77% 左右,说明乙醇型发酵菌群在此阶段的污泥强化中得到了强化,在后续阶段的运行中,丁酸发酵菌群在竞争中逐渐失去优势,丙酸和丁酸的比例分别减少到 7% 和 14%,总挥发酸量达到最大值 1 977.323 mg/L,反应系统在 16 d 内重新达到相对稳定的乙醇型发酵,这是因为强化污泥对底物进行了充分的酸化,此时的微生物达到了乙醇型发酵的优势生态群落,具备了较强的自我平衡调节的能力。分析图 10.2 和图 10.3 可见,污泥强化后发酵产物中乙醇和乙酸含量的变化规律与产氢速率的变化规律相似,在污泥强化后乙醇和乙酸含量的上升阶段都相应地伴随着产氢速率的增加,这可能是污泥强化发酵代谢进程中产乙酸和乙醇的途径与引起产氢效能的增加有直接的关系。

由此可见,足够的生物量和生物活性是保证厌氧发酵产氢系统高效产氢的关键,污泥量的过度减少和生物活性的丧失,必然会导致反应系统运行的失败。强化污泥能够有效地抗衡系统的负荷冲击并且保持系统高效稳定的运行和产氢。

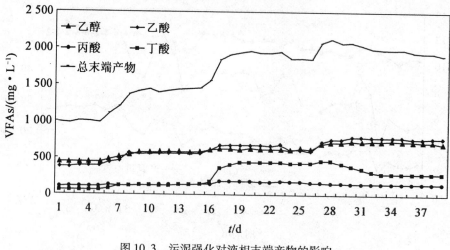

图 10.3　污泥强化对液相末端产物的影响

10.4　强化污泥对 COD 去除率的影响

强化污泥对产氢系统的影响除了表现在产氢量和液相末端产物外,还表现在有机物被微生物水解、发酵转化为小分子物质方面。图 10.4 为强化污泥对系统内 COD 去除率的变化情况。在强化污泥加入的第一个阶段,即第 1~13 天为第一运行阶段,在加入强化污泥的初期,系统内的 COD 去除率首先出现下降,出现一个最小值 18%,随后开始在 27% 左右波动,这可能是加入的强化污泥中的微生物经过了一个从不适应到适应的过程。在第 13~21

天的第二运行阶段,出水中的 COD 明显高于第一阶段,COD 去除率在 35% 左右波动并且趋于稳定。这说明经过强化的微生物对底物的降解能力明显提高,由此也可以得出一定数量的微生物量和生物活性是高效降解有机底物的前提。

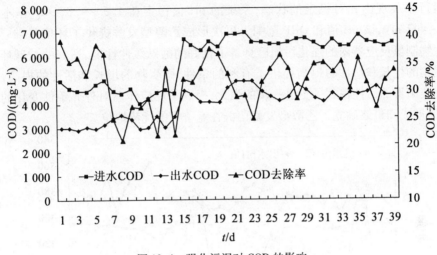

图 10.4 强化污泥对 COD 的影响

10.5 强化污泥对 pH 值和 ORP 的影响

pH 值和 ORP 是影响发酵类型的重要生态因子,不仅与发酵类型有关,而且决定了生物制氢反应系统的运行稳定性。在厌氧处理中,水解菌和产酸菌对 pH 值有较大范围的适应性。在发酵过程中,较低的 pH 值会增加丁醇的产生,而产生的丁醇会破坏细胞维持胞内 pH 值的能力、降低胞内 ATP 的水平、影响葡萄糖等基质的吸收;高 pH 值会引起微生物结团,影响传质过程和葡萄糖等物质的吸收,影响酶的活性,影响微生物对营养物质的吸收。因此,在厌氧发酵过程中,保持厌氧发酵连续稳定地进行,必须要求有合适的 pH 值范围,这是反应持续高效稳定的前提。

环境中的氧化还原点位主要与氧分压有关,环境中的氧气越多,ORP 就越高;反之则越低,它对微生物的生长和代谢均有显著的影响。在热强化处理污泥时,由于强化污泥中携带了部分氧气,在厌氧运行阶段,这些氧分子慢慢地释放出来,需要经过一段时间才能被系统中的微生物所消耗利用。图 10.5 是强化污泥对已经驯化形成的乙醇型发酵系统中 pH 值的变化情况。强化污泥加入系统后的第 5 天 ORP 上升到 −380 mV,可能是强化污泥加入反应器的过程中存在一定的溶解氧,抑制了其他细菌的活性,导致强化初期系统内的厌氧程度较低,并且产气量和总挥发酸量分别下降了 28% 和 8.8%。在后续的运行过程中,随着微生物活性的恢复,系统的 ORP 也恢复并稳定在 −450 mV 左右。当有机底物 COD 浓度提高到 6 500 mg/L 时,pH 值突然下降到 3.53,为了防止 pH 值过低而影响微生物的代谢活性,向反应器中投加 NaOH 溶液来调节,运行 1 天后 pH 值上升到 4.06,之后在 4.4 ~ 4.55 范围内波动,这是因为底物浓度的增加,强化微生物对底物进行了充分的酸化。运行到第 23 天时,系统的 ORP 再次上升到 −386 mV,产气量和总挥发酸量再一次下降,经历了一个最低值后又迅速上升,这可能是第 2 次加入强化污泥时再次融入溶解氧,滋生好氧细菌所至。运行到第 28 天时,pH 值再次下降到 3.84,这是因为恢复活性的微生物利用高负荷的底物进行了充分的酸化,也是造成总挥发酸量大幅度升高的原因。较低的 pH 值条件使产酸发酵细菌逐渐在竞争中失去优势地位,表现为菌群发酵能力差,产气量及产氢量减少,在后续的运行中表现出相对稳定的状态,系统的 pH 值稳定在 4.5 ~ 4.8,ORP 基本稳定在－434 ~ －447 mV,该 pH 值和 ORP 范围为再次形成乙醇型发酵提供了环境基础。说明此时发酵生物制氢反应器内的强化污泥已具备了良好的酸碱缓冲性能,适宜的酸碱环境为强化后微生物的生长和活性的提高提供了有利的条件,微生物的增长和活性的提高,使反应体系中各类菌群的活性得到了更进一步的强化,提高了反应体系对外界条件变化的抵抗能力,并加速形成和最终确立了乙醇型发酵菌群在竞争中的优势地位。

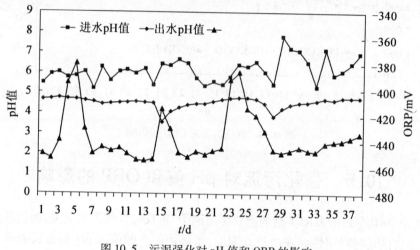

图 10.5　污泥强化对 pH 值和 ORP 的影响

10.6　强化污泥对微生物生态变异性的影响

微生物菌群结构决定了液相末端发酵产物的比例分布,通过人为地改变外部条件使系统群落发生生态演替和优势种群变迁,最终形成稳定的微生物群落结构。微生物接种到一个新的生长环境后,表现出延迟期、指数生长期、减速期、静止期和衰亡期。表 10.1 反应了系统内微生物量的变化趋势,在加入强化污泥的前期,系统达到了稳定的乙醇型发酵,此时系统内的微生物数量和活性相对比较稳定,微生物的生长暂时进入了稳定期。当加入强化污泥后,强化微生物对原系统内的微生物造成了一定的冲击,强化污泥中携带的滋生好氧细菌会在较短的时间内抑制产氢菌的活性或者对产氢菌产生毒害作用,由于微生物不能适应新环境而部分被淘汰。其表现在产气量、产氢量及液相末产物量先下降后逐步上升的趋势。随着强化细菌逐渐适应厌氧微环境,厌氧微生物的活性也逐渐增强,表现出产气量、产氢量和总挥发酸量增加的趋势,如图 10.2 和 10.3 所示,并且发酵类型也发生了变化,呈现出混合酸发酵,微生物菌种结构发生了变化。当第 2 次加入强化污泥后,微系统再次受到冲击,微生物活性再次受到影响,经过短暂的波动后,系统很快就恢复了稳定,系统产气量、产氢量和总挥发酸量较第一次强化又有了提升,产气量、产氢量分别是第 1 次强化的 1.36 和 1.16 倍,总挥发酸量得到一个最大值 1 977.323 mg/L,较第一次强化增加了 46.9 mg/L,经过 16 d 的发酵后,系统再次形成稳定的乙醇型发酵,并伴随着乙醇和乙酸含量的上升产氢速率也相应的增加。这说明此时系统内的微生物代谢比较旺盛,微生物菌群结构经历了一个演替过程,菌群结构发生了变化,形成了乙醇型发酵菌群的优势地位。生物量的增长在一定意义上影响着整个反应系统的运行状态,对发酵类型的形成起着至关重要的作用,厌氧活性污泥经过强化,其活性经历了一个从不适应到适应,从适应到活性逐渐增强的演变历程。随着乙醇型菌群在竞争中优势地位的建立,到了污泥驯化后期,反应器的出水 pH 值更加稳定,说明此时产酸相反应器内建立了生态稳定的微生物群落。

　　试验说明:厌氧发酵产氢系统高效制氢的关键是保持反应系统具有较多的微生物量和较高的微生物活性,系统内的发酵污泥会受到厌氧活性污泥微生物群落代谢的影响。

第11章　间歇培养中的负荷冲击

进入21世纪以来,与城市环境相关的点源污染等逐步得到了较好的监测和控制,但农业污染问题却日益突出,已成为我国重大环境问题之一。改革开放以来,我国的农业发展速度迅速,对环境保护造成了极大的压力。我国是一个农业大国,农业资源丰富,为了能更好地合理开发利用农业资源是预测资源发展趋势的重要基础。目前,对农业废弃物无害化处理率极低,绝大部分未经任何处理就直接排放,这对环境造成了极大的污染和对资源造成了大量的浪费。农业废弃物资源化是一个系统工程,需要多方面的协调发展,以期望把污染减少或控制到最低的限度,树立起可持续发展的理念,发展农业循环经济,大力推广农业废弃物资源化利用,在农业领域推进清洁生产示范,从源头和全过程控制污染物的产生和排放,降低资源消耗,有效地实现社会效益、经济效益、生态效益的有机协调和统一。

用不同的底物进行厌氧发酵的研究较多,但利用农业废弃物——红薯厌氧发酵产氢的研究至今仍鲜见报道。我国利用红薯发酵酿酒、制造食品等,每年需求的红薯量较大,而且随着经济的发展和由于红薯的营养价值较大,人们对红薯的需求量也越来越大,这样将会造成大量红薯资源的浪费。利用红薯废渣和废红薯水厌氧产氢,对于获取廉价的制氢底物具有重要的意义。目前,国内加工红薯的企业,多数仍在采用传统的单一加工方法,其中占75%左右的营养成分和活性物质都作为废水和废渣排弃,既浪费了资源,又污染了环境,导致利用率低下,产品单一,附加值不大,效率不高。这就使得我们在如何加工中使红薯物尽其用,获得高利用率、高附加值和高效益,值得研究!

本书利用间歇试验装置以人工配置的废水为原料,以厌氧消化污泥作为天然产氢菌源,研究比较了不同底物红薯、赤糖、糖蜜对产氢能力及代谢进程的影响。

11.1　产氢菌的来源及培养液的组成

1. 产氢菌的来源

接种污泥为生活污水排放沟底泥经过滤、沉淀、淘洗,用糖蜜废水间歇好氧培养2周后,接种到厌氧批式反应器中。

2. 培养液的组成

$Na_2MoO_4 \cdot 2H_2O$ 的质量为1 g, $MnSO_4 \cdot H_2O$ 的质量为1 g, NaCl 的质量为1.0 g, L-cysteine·HCl·H$_2$O 的质量为0.28 g, $MgSO_4$ 的质量为5g, $FeCl_2$ 的质量为0.278 g, $CaCl_2$ 的质量为0.80 g,酵母浸粉1 g,水1 000 mL,分别加入不同的碳源物质红薯汁、赤糖、糖蜜各100 mL。

高温灭菌:120 ℃灭菌15 min。

11.2　微生物生长分析

厌氧发酵生物制氢过程中微生物的生长可用四个阶段来描述,分别是反应延迟、开始产氢、持续产氢和产氢衰弱,这一生长过程与微生物的生长规律密切相关。微生物经过停滞期阶段的适应后,微生物开始繁殖生长,在此过程中降解底物并转化为氢气。在进入对数生长期后,微生物生长的速度增至最大,增长的数量以几何级数增加,并伴随着氢气产生,微生物的快速繁殖消耗了大量的有机底物,从而降低了底物浓度。由于在发酵过程中产生的酸性代谢产物的大量积累会对微生物菌体产生毒害,导致微生物死亡,从而进入静止期,静止期的微生物总数达到最大值,并恒定一段时间后,新生的微生物和死亡的微生物数量相当,经过短暂的静止期之后,系统内的有机物质被耗尽,微生物因缺乏营养而利用储存物质进行内源呼吸,死亡的数量大于新生数量,微生物群体进入衰亡期,在衰亡期产氢结束,氢气含量也逐渐降低,酸性末端产物也逐渐下降并趋于零。

11.3　底物种类对厌氧发酵的影响

糖蜜是甜菜制糖工业的副产物——废糖蜜稀释配置而成,这种废水有机物含量高,可生化降解性能好,是一种具有代表性的碳水化合物类的有机废水。

赤糖是经过人工稀释而模拟得到的赤糖废水。

红薯含有丰富的糖、蛋白质、纤维素和多种维生素,其中 β - 胡萝卜素、维生素 E 和维生素 C 尤多,红薯营养价值很高,所以利用红薯废水来生物制氢具有实际的研究价值,并且减少了直接排放红薯废水对环境的污染,是一种变废为宝的研究方法。本书选取无霉变、无虫害、无败坏的鲜红薯、水洗净,用是手工刨皮方法进行去皮处理,洗净切碎,用分离式磨浆机磨浆,使薯浆和薯渣分离,薯浆离心过滤,滤液红薯汁备用。

11.3.1　不同底物产氢发酵的可行性分析

厌氧发酵法生物制氢过程中相当于两相厌氧消化工艺中的产酸发酵过程,在生物制氢的可行性底物探索过程中,人们利用了多种不同的底物(如固体废弃物、工业废弃物、城市污水处理厂的废水等)厌氧发酵,都获得了目的的产物——氢气。但是,这些底物的产氢速率都不是很高,微生物在利用这些底物厌氧发酵时存在着一定的困难,什么样的底物适合厌氧发酵法生物制氢,并且能够应用于工业化规模的生产中,这就需要对各类有机物从理论上进行分析,并且在试验中进行验证。

(1)碳水化合物。

碳水化合物包括单糖、二糖、多糖、淀粉、纤维素等一系列的物质。

两相厌氧消化处理碳水化合物废水已经进入了深入的研究阶段,有研究结果证明:两相厌氧系统处理碳水化合物废水的效果稳定,并且碳水化合物的酸化具有热力学可行性。其反应式如下:

$$C_6H_{12}O_6 + 4H_2O \longrightarrow 2CH_3COO^- + 2HCO_3^- + 4H^+ + 4H_2$$

$$\Delta G_0{}' = -206 \text{ kJ/mol}$$

$$\Delta G' = -318 \text{ kJ/mol}$$

从式中可以看到,1 mol 的葡萄糖经厌氧发酵后可以产生 4 mol 氢气,但在产氢产酸发酵的反应器中,乙酸的产量虽然很高,但同时还有大量的其他挥发酸和醇产生,而且氢气产量与产酸量并没有呈现出相关性。与此相反,随着乙醇含量的上升,氢气产量和含量都有明显的上升,其含量在发酵气体中可达 50%,呈现出标准的乙醇型发酵。其反应式可表示为

$$C6H_{12}O_6 + H_2O \longrightarrow CH_3COO^- + CH_3CH_2OH + H^+ + 2CO_2 + 2H_2, \Delta G_0' = -92.62 \text{ kJ/mol}$$

(2)脂类物质。

在厌氧发酵条件下,长链脂肪酸通过 β - 氧化途径被微生物降解,而 β - 氧化反应在热动力学是不利的反应。其反应方程为

$$n - 脂肪酸 \longrightarrow (n-2)脂肪酸 + CH_3COO^- + 2H_2, \Delta G_0' = +48 \text{ kJ/mol}$$

在长链脂肪酸被分解转化为乙酸和其他小分子有机酸的过程中,需要严格的微生物合营关系。在厌氧发酵生物处理中,产甲烷菌可使 β - 氧化反应成为热力学有利的反应,从而使整个反应的效率很低,因此长链脂肪酸类物质作为产氢底物的可行性受到限制。

(3)蛋白质类物质。

在厌氧发酵中,蛋白质类的底物可以被微生物水解成小分子物质,但在水解过程中,氨基酸的酸化效率决定了蛋白质的转化率,通常情况下厌氧发酵途径就是氨基酸通过脱氨基作用从而转化为相应的小分子挥发酸。其反应式为

$$亮氨酸 + 3H_2O \longrightarrow 异戊酸 + HCO^{3-} + H^+ + NH^{4+} + 2H_2$$

$$\Delta G_0' = 4.2 \text{ kJ/mol}$$

$$\Delta G' = -59.5 \text{ kJ/mol}$$

在标准状态下,亮氨酸的酸化在热力学上为不利的反应,然而在厌氧条件下,该反应具有热力学的可行性。但其他的一些氨基酸在产酸相中由于缺乏一些微生物的合营关系,从而使转化受到了限制,蛋白质的转化率仅有 10% 左右,而且游离氨基酸的含量很低,因此,蛋白质在产酸相中的水解酸化效率较差,一般情况下蛋白质作为产氢发酵底物是不合适的。

11.3.2　底物种类对液相末端产物的影响

图 11.1 分别以同负荷的红薯、赤糖、糖蜜为底物时的末端产物的变化情况。从图中的变化规律可以看出,图(b)赤糖的总液相末端产物量最高,其值可高达11 083.29 mg/mL,与此相比较红薯发酵情况处于劣势,其液相产物量较低并且在发酵时间进行到24 h时反应已经完全结束。以红薯、赤糖、糖蜜为底物间歇发酵时,各个反应体系中的液相末端产物是以乙酸和丙酸为主,其含量超过总液相末端产物的80%以上。以赤糖为底物时,在发酵进行12 h时液相产物开始增加,并且在 18 h 时达到最大。以糖蜜为底物时,在反应启动初期末端产物开始增加,在发酵进行到 6 h 时,末端产物开始保持在 10 000 mg/mL 左右,发酵进行到24 h时突然下降,直至趋于零,说明此时系统内的底物消耗殆尽,发酵微生物进入衰亡期。

11.3.3　底物种类对产气量及氢气含量的影响

本书考察了不同底物种类对产气量及氢气含量的影响,其变化曲线如图 11.2 所示。在

一定菌种来源的条件下,不同的底物通过厌氧发酵均可制备出氢气,但其产氢能力存在较大的差异。厌氧污泥对红薯、赤糖、糖蜜的产气量及氢气含量存在较大的差异,这说明厌氧污泥对底物有显著的选择性,同时也反映出不同底物之间结构的差异和降解的难易程度。

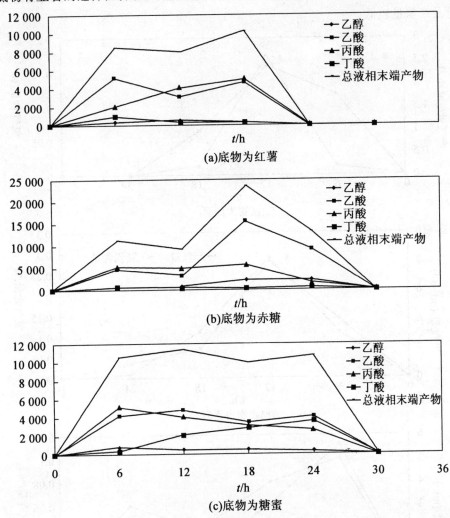

图 11.1　不同底物种类对液相末端产物的影响

图 11.2(b)在反应进行到 12 h 时产气量及氢气含量分别达到最大值 8 mL 和 0.28%,当出现一个最大值后产气量及氢气含量迅速降低,经过 24 h 的反应后,产气量及氢气含量逐渐趋于零。图 11.2(c)在反应进行到 6 h 时达到一个最大值,其值分别为 5 mL 和 0.11%,随后突然迅速降低到 2 mL 和 0.015%,直到反应进行到 18 h 时产气量及氢气含量再次上升,经过 6 h 的反应后,其值再次降低并趋于零。图 11.2(a)是以红薯为底物时的变化情况,红薯厌氧发酵时的产气量及氢气含量较低,在反应进行到 12 h 时产气量及氢气含量分别为 2.4 mL 和 0.18%,之后迅速降低并在 18 h 时有一个最小值 0.97 mL,并且在 24 h 时趋于零。这是因为随着反应的进行,反应体系中底物逐渐被消耗,产氢能力逐渐下降并最后趋于零。氢气浓度明显下降,这是由于产氢菌群得不到营养而进行内源呼吸,发酵微

生物群体进入了衰亡期。

　　从图 11.2 的变化情况可以看出,红薯厌氧发酵时的产气量及氢气含量的值最低,并且反应进行了 18 h 后几乎停止产氢,氢气含量降到最低值,与图(b)、(c)相比,底物为红薯的产气量及产氢量较低。

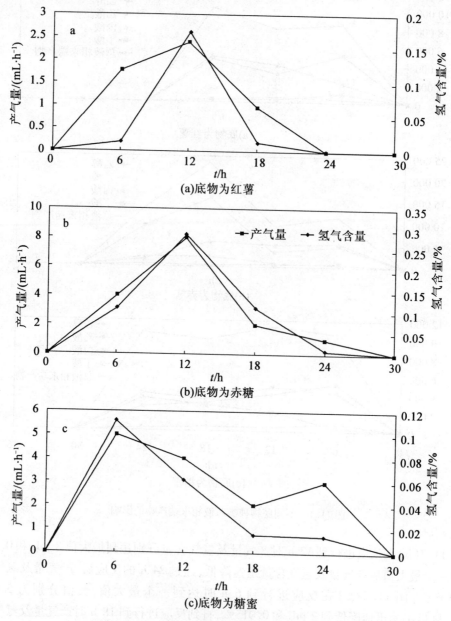

图 11.2　不同底物种类对产气量及氢气含量的影响

11.3.4　底物种类对厌氧发酵生态因子的影响

　　表 11.1 是底物种类对厌氧发酵生态因子的影响。在平行实验中,用不同的底物厌氧发

酵,用红薯、赤糖、糖蜜为底物时其 pH 值、ORP 分别为 4.37、4.06、4.3 和 – 263 mV、– 243 mV、– 286 mV,其变化趋势不是很明显。COD 去除率分别为 4.1%、12.1%、7.4%,其中红薯发酵时的去除率最低,这说明该底物在发酵时微生物对其的降解和利用率较低,说明此底物不利于厌氧发酵。从工程运行的角度考虑,pH 值过高或过低都不利于工艺的推广应用,而且不同底物其最适 pH 值也不同。

表 11.1　不同底物厌氧发酵的生态因子

底物种类	COD 去除率/%	pH 值	ORP/mV
红薯	4.1	4.37	– 263
赤糖	12.1	4.06	– 243
糖蜜	7.4	4.3	– 286

11.3.5　底物种类变化对微生物生态变异性的影响

微生物的种类是微生物发酵产氢的重要影响因素之一,底物的种类在微生物发酵产氢过程中受诸多因素的影响,同时也是微生物进行生长和繁殖的基础,不同的微生物对底物的利用具有一定的选择性,在间歇培养中,以厌氧污泥为天然混合产氢微生物的来源,研究不同种类的底物(农业废弃物——红薯、赤糖、糖蜜)对厌氧发酵生物制氢的影响。

不同的碳源对底物产氢能力的影响结果示于图 11.1 中,在给定菌种来源的条件下,不同的底物通过厌氧发酵,均可制备出氢气,但产氢能力存在较大的差异。厌氧微生物对底物产氢能力具有一定的选择性,同浓度的碳源——红薯、赤糖、糖蜜,其最佳氢气产量分别为 2.4 mL、8 mL 和 5 mL,相比之下,底物为红薯的氢气产量和含量较低,分别为 2.4 mL 和 0.18%。这说明厌氧污泥对底物的产氢发酵具有显著的选择性,同时也反映出不同底物之间结构的差异和降解的难易程度。

在间歇试验启动后,反应停滞阶段时间很短,很快产氢微生物开始生长、繁殖,并对底物进行了降解,产氢能力也逐渐增加,这是因为生物菌群经过一段时间的培养后,逐渐形成了稳定的产氢群落,之后系统逐渐有氢气生成,伴随着发酵的进行,氢气产量逐渐增加,其后进入了持续产氢阶段,随着反应体系中底物逐渐被消耗,产氢能力逐渐下降,培养时间约为 18 h 后,底物红薯发酵反应体系的氢气量减少,底物糖蜜和赤糖经过 30 h 的发酵后产氢量减少,反应体系几乎停止产氢,此时微生物进入衰亡期。以红薯为底物时的产氢量明显低于其他的两种底物,以糖蜜为底物时,微生物生长的停滞期最短,这说明适当发酵底物可以提高微生物的生长速率。

图 11.2 是以厌氧污泥为菌种原料,分别以糖蜜、赤糖、红薯为底物时,底物降解过程中挥发性脂肪酸和醇的变化情况。由于糖蜜、赤糖、红薯三者都是多糖,其组成成分复杂,糖分子量较大,不能透过细胞膜被微生物直接吸收利用,微生物对底物首先要经过分解,分解成小分子物质单糖,然后在将其作为生物活动能量的供给者,可被微生物直接利用并作为能量的来源和细胞合成的原料。微生物利用底物开始生长繁殖,并逐渐将底物分解转化为氢气,进入对数生长期后,微生物的生长速度增至最大,微生物数量以几何级数增加,氢气也随之持续产生,由于微生物快速繁殖消耗了大量的有机底物,致使底物浓度降低。同时,

经过 18 h 的发酵,三个发酵系统中的总挥发酸量都达到最大并保持在 10 000 mg/mL 左右,代谢产物的大量积累对微生物产生了毒害作用,微生物死亡率开始增加,从而进入静止期,继静止期之后,有机底物被耗尽,产氢菌因缺乏营养而利用储存物质进行内源呼吸,此时,微生物死亡数大于新生数,微生物进入衰亡期,产氢结束,液相末端产物量也趋于零。

11.4 底物浓度对厌氧发酵的影响

11.4.1 底物浓度变化对液相末端产物的影响

图 11.3 是研究底物红薯的浓度变化对液相末端产物的影响,考察 COD 浓度分别为 2 500 mg/L、5 000 mg/L、7 000 mg/L。图中的变化可以很明显地反映出:红薯浓度的变化对液相末端产物的影响并不呈现一定的变化规律。在较低的 COD 浓度 2 500 mg/L 的情况下,产酸速率较低,在反应进行到 4 h 时才产生出少量的液相酸,反应进行到 12 h 出现最大值 7 100 mg/mL。底物 COD 浓度为 5 000 mg/L,在加入底物的初期就有液相酸出现,并在发酵进行 8 h 时出现最大值 5 610 mg/mL,随后突然降低并趋于零。当底物 COD 浓度为 7 000 mg/L,该浓度的底物对微生物的生长非常不利,其在反应进行到 4 h 后出现液相末端产物,并且取得最大值 3 430 mg/mL,当反应进行到 12 h 时开始下降,反应经过 16 h 后停止,底物浓度与产酸量并不呈现正相关。从图 11.3(a)、(b)、(c)变化中可以看出底物红薯不利于厌氧发酵,不适合作为微生物生长的营养物质。

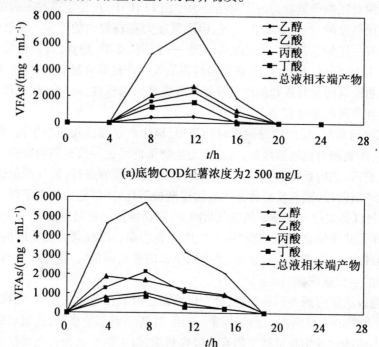

(a)底物COD红薯浓度为2 500 mg/L

(b)底物COD红薯浓度为5 000 mg/L

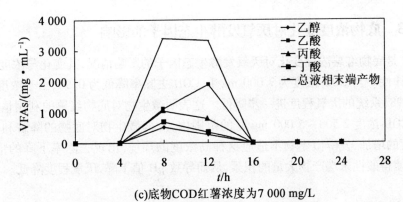

(c)底物COD红薯浓度为7 000 mg/L

图 11.3 底物红薯浓度变化对液相末端产物的影响

11.4.2 底物浓度变化对产气量及氢气含量的影响

图 11.4 是底物浓度变化对产气量及氢气含量的变化情况,当底物 COD 浓度为 7 000 mg/L,并无氢气产生。底物 COD 浓度为 2 500 mg/L 时比 5 000 mg/L 的产气量高,其分别是 2.04 mL/h 和 1.69 mL/h,但氢气 COD 含量在 5 000 mg/L 时的高于 2 500 mg/L,后者是前者的 8.9 倍。这说明底物负荷浓度是影响发酵产氢的一个直接影响因子,发酵微生物除了对底物具有选择性之外,对底物的浓度也具有一定的选择性,研究证明过高或者过低的浓度都不利于微生物的生长,过高浓度会对微生物产生毒害作用,从而抑制微生物的生长,过低浓度使微生物缺少自身生长的营养物质,从而影响产氢量。

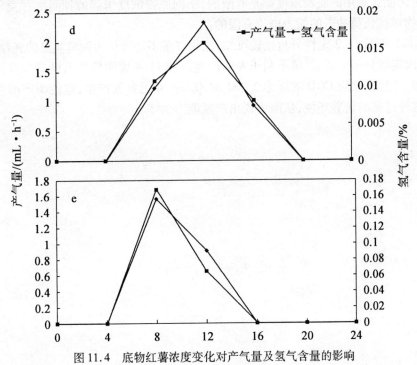

图 11.4 底物红薯浓度变化对产气量及氢气含量的影响

11.4.3　底物浓度变化对厌氧发酵生态因子的影响

表 11.2 是底物红薯浓度变化对厌氧发酵生态因子的影响情况,其变化与浓度的增加并无明显的规律性。当 COD 浓度为 7 000 mg/L,COD 去除率降低为 0.96,由于浓度较大,pH 值下降到 3.98,系统的厌氧程度进一步降低。这表明微生物对底物红薯的利用情况并不明显,在一定 COD 浓度 2 500 ~ 5 000 mg/L 的范围内,发酵微生物对底物的降解利用程度相当,随着浓度的增加,发酵微生物不适应这种高浓度的环境,出现去除率下降的情况,较高的底物浓度使得酸性末端产物大量的积累,从而导致 pH 值下降,厌氧程度降低。

表 11.2　不同浓度底物厌氧发酵的生态因子

红薯 COD 浓度	COD 去除率/%	pH	ORP/mV
2 500 mg/L	3.98	4.61	−203
5 000 mg/L	2.88	4.23	−196
7 000 mg/L	0.96	3.98	−178

11.4.4　底物浓度变化对微生物生态变异性的影响

反应系统内的微生物持有量与反应器中底物的浓度密切相关。图 11.4 所示的是底物红薯浓度与产氢量之间的变化趋势,其浓度变化与产氢量之间并无一致的变化规律。这说明每种微生物能够利用的底物浓度都是有限的,不同底物浓度引起的种间生存竞争也是不同的,微生物对抗负荷冲击的能力也是有限的。

从图 11.1 和图 11.2 定性分析比较可知,底物红薯不适合作为发酵制氢的底物,图 11.3 和 11.4 再次定量分析证明,红薯不利于发酵产氢。图 11.4 说明底物可能对发酵微生物产生毒害作用,并且当底物 COD 浓度为 7 000 mg/L 时,并无氢气产生,这说明产酸发酵细菌无法适应这种过剩的营养环境,从而表现出产氢能力为零。

附录　产酸发酵过程相关实验分析方法[①]

附 1.1　碱度测定

附 1.1.1　碱度与碳酸氢盐碱度

碱度表示水样中与强酸中氢离子结合的物质的含量。属于这样的物质在废水中是多种多样的，它们包括：强碱，如 NaOH、KOH 等离解得到的 OH^-；弱碱，如氨、苯胺、吡啶等；弱酸阴离子，如 CO_3^{2-}、HCO_3^-、$H_2PO_4^-$、HPO_4^{2-}、SO_3^{2-}、HSO_3^-、腐殖酸阴离子、HS^-、S^{2-} 等。值得注意的是，生化过程产生的 VFA 阴离子也具有结合氢离子的能力，因此也表现为碱度。

例如

$$NH_3 + H^+ \rightleftharpoons NH_4^+$$
$$HCO_3^{2-} + H^+ \rightleftharpoons H_2O + CO_2$$
$$CH_3COO^- + H^+ \rightleftharpoons CH_3COOH$$

碱度的大小以水样在滴定中消耗的强酸的量来表示，这说明在测定碱度时必须确定合适的终点。因为终点不同，所得结果不同。尽管如此，碱度的测定方法（其中包括标准方法）常采用不同的滴定终点，因此在报告测试结果时应当同时注明终点的 pH 值。

碱度能反映出废水在厌氧处理过程中所具有的缓冲能力。产酸发酵过程中往往出现有机酸的积累，这可能导致 pH 值的下降而使反应器条件恶化。废水如果具有相对高的碱度，则可以对有机酸引起的 pH 值变化起缓冲作用，使 pH 值相对稳定。

在产酸发酵反应器中，pH 值多数控制在 4.0 ~ 8.0。在此范围内，发酵液的碱度主要由 HCO_3^- 引起，由 HCO_3^- 所形成的碱度叫作碳酸氢盐碱度，它是反映废水在厌氧处理过程中所具有的缓冲能力的更切合实际的指标。

附 1.1.2　碱度的溴甲酚绿 – 甲基红指示剂滴定法分析

1. 原理

溴甲酚绿 – 甲基红指示剂的变色范围为：pH 值在 5.2 以上时，为蓝绿色；pH 为 5.0 时，为淡紫灰到淡蓝色；pH 值为 4.8 时，为带淡蓝色的淡粉红色；pH 值为 4.6 时，为淡粉红。以溴甲酚绿 – 甲基红作指示剂滴定水样碱度时，终点为淡蓝色变为淡粉红色时，报告的终点 pH 值可记为 4.6。

2. 药品与仪器

（1）蒸馏水。应煮沸加热 15 min 去除水中溶解的 CO_2，冷却后备用。

---

① 本附录引自任南琪等著《产酸发酵微生物生理生态学》，科学出版社，2007.

（2）溴甲酚绿－甲基红指示剂的配制。取 100 mg 溴甲酚绿钠盐和 20 mg 甲基红钠盐溶于 100 mL 蒸馏水中即可。或称取 100 mg 溴甲酚绿和 20 mg 甲基红溶于 100 mL 质量分数为 95% 的乙醇中。

（3）0.1 mol/L $Na_2S_2O_3$ 溶液。

（4）配制 0.02 mol/L 的 HCl 标准溶液。相对密度为 1.19 的浓盐酸 8.3 mL，以蒸馏水定容至 1 000 mL，即为 0.10 mol/L 的 HCl 溶液，储存备用。使用时，取 200 mL 以蒸馏水定容至 1 000 mL，即为 0.02 mol/L 的 HCL 溶液，其准确浓度须以 0.0200 mol/L 的基准 Na_2CO_3 溶液标定。

（5）仪器。25 mL 酸式滴定管；20 mL 移液管；2.0～10.0 mL 移液管若干；150 mL 三角瓶；50 mL 烧杯。

3. 测定步骤

水样经滤纸过滤或于 5 000 r/min 条件下离心 10 min，取 V_2 mL 的上述滤液或上清液为样品，样品的量以消耗 HCl 标准溶液 8～20 mL 为宜。样品取平行试样 2 份，分别置于 150 mL 三角瓶。

加入样品体积 5～10 倍的无 CO_2 蒸馏水稀释。同时以等量的不含样品的无 CO_2 蒸馏水为空白对照。滴定步骤如下：加入溴甲酚绿－甲基红 3 滴和 0.1 mol/L（$1/2Na_2S_2O_3$）1 滴（后者用于排除游离氯的干扰），以 0.020 mol/L 的 HCl 标准溶液滴定至恰现淡红色。记录样品中消耗的 HCl 用量为 V_1 mL，空白对照中消耗的 HCl 量为 V_0 mL。

4. 计算

$$碱度/(mol \cdot L^{-1}) = \frac{(V_1 - V_0) \cdot c}{V_2} \times 1\ 000$$

式中，V_1 为试样消耗 HCl 标准溶液的体积，mL；V_2 为试样的体积，mL；V_0 为空白对照消耗 HCl 标准溶液的体积，mL；c 为 HCl 标准溶液的准确浓度，mol/L。

当试验结果以 mg $CaCO_3$/L 表示时，则上述浓度要乘以 50，即碱度（以 mg$CaCO_3$/L 计）= 碱度（以 mmol/L 计）×50。

附 1.1.3 碱度的电位滴定法分析

1. 说明

此法以 pH 值计所显示的 pH 值来确定滴定的终点，而不用化学指示剂。其不同之处至少有以下两点：①不少废水颜色很深，不容易或根本不能凭指示剂的颜色变化来确定终点，因此电位滴定可以扩大应用范围；②电位滴定以 pH 值为 3.7 为滴定终点，而采用溴甲酚绿－甲基红为指示剂时的终点约为 4.6，由于挥发性脂肪酸的 pH 值（离解常数的负对数）在 4.8 左右，与溴甲酚绿－甲基红滴定法终点 pH 值十分接近，在此情况下，以指示剂指至终点（pH 值为 4.6）的滴定虽然完全中和了 OH^-、CO_3^{2-} 和几乎完全中和了 HCO_3^- 等强碱和弱碱，但只是部分中和了 VFA 离解产生的阴离子，由此得到的碱度小于电位滴定的结果。

2. 药品与仪器

（1）准确配制并以基准物 Na_2CO_3 溶液标定的 HCl 标准溶液，浓度约为 0.100 mol/L。

（2）自动电位滴定计，10.0 mL 半微量酸式滴定管。

3. 操作步骤

按自动电位计说明书安装、校正好电位计，以蒸馏水清洗电极。

按前述的同样方法离心(5 000 r/min,10 min)或过滤水样,用移液管吸取滤液 V_2 mL 于 50 mL 烧杯中,样品的量应以消耗0.1 mol/L HCl 标准溶液2~8 mL 为宜。另取同样体积的蒸馏水作为空白对照。

将样品水温调至25 ±2 ℃,将盛有此样品的50 mL 烧杯置于滴定台上,投入长约1.5 cm 的磁力搅拌棒,打开搅拌开关并调至一定搅拌强度,小心地将玻璃电极与甘汞电极放入烧杯的液面以下。打开自动滴定开关并调终点至 pH 值为3.7,自动滴定过程开始,待滴定自动停止后,记录滴定所消耗的 HCl 标准溶液的体积毫升数。

4. 结果计算

结果可根据下式计算:

$$碱度/(mmol \cdot L^{-1}) = \frac{(V_1 - V_0) \times c}{V_2} \times 1\ 000$$

或

$$碱度(mg\ CaCO_3/L) = \frac{(V_1 - V_0) \times c \times 50}{V_2} \times 1\ 000$$

附1.1.4 碱度的分步滴定法分析

1. 原理

如前所述,可被盐酸滴定的物质很多,以 pH 值为3.0~4.0 作为滴定终点,所滴定的碱度是反映各种与 HCl 作用的物质的"总碱度",但此方法不能说明碱度的组成。但确定所得到的碱度的组成往往是必要的。例如,测定碱度时在较强的碱性范围内消耗的 HCl,主要用于中和 OH^- 和将 CO_3^{2-} 转变为 HCO_3^-,废水碱度的这一部分,与其在厌氧处理中表现的 pH 值缓冲能力基本无关,因此以"总碱度"表示的这一废水特征往往不能准确地说明废水在厌氧处理中的 pH 值缓冲能力。

以双指示剂进行分步滴定则可以基本上满足废水碱度组成的说明。可以将碱度测定中消耗盐酸的物质分为两大类。

第一类:羟基离子(强碱产生的)和水解造成水溶液中 pH >8.4 的阴离子。其中包括 OH^-、CO_3^{2-}(滴定至 HCO_3^-)、S^{2-}(滴定至 HS^-)、PO_4^{3-}(滴定至 HPO_4^{2-})、SiO_3^{2-} 等离子。其中前两种离子在废水的碱度中常占主要地位。对这一类物质的测定以酚酞作指示剂,以 HCl 滴定至无色,此时终点 pH 值为8.4。

第二类:弱碱和酸性阴离子(指在水溶液中水解后 pH≤8.4 的阴离子)。这类离子以 HCO_3^- 为主(滴定至 H_2CO_3),也包括 HPO_4^{2-}(滴定至 $H_2PO_4^-$)、HS^-(滴定至 H_2S)、挥发性脂肪酸与腐殖酸阴离子等。这类物质的测定是在以酚酞为指示剂滴定的基础上,再以甲基黄为指示剂滴定至溶液变红(变色范围 pH =4.0~2.9)。

第一次滴定中,HCl 标准溶液的消耗量表明了水中第一类物质的含量;第二次滴定中 HCl 的消耗量则表明第二类物质的消耗量。两次滴定中消耗 HCl 的总量即反映出水样的总碱量。

2. 药品与仪器

(1)0.100 mol/L 的 HCl 标准溶液,已经基准的 Na_2CO_3 标定出准确浓度。

(2)甲基黄指示剂,浓度为1%,将甲基黄溶于95% 乙醇中。

(3)酚酞指示剂。

(4)酸滴定管、三角瓶、移液管等。

3. 测定步骤

取水样离心或过滤,准确吸取离心后的上清液或滤液 V_2 mL,若水样有色,则加入蒸馏水稀释。另取与稀释后水样等体积的蒸馏水为对照。

第一次滴定:上述水样置于 100 mL 三角瓶,加入酚酞 5 滴,在白色背景下,以 HCl 标准液滴定至酚酞的玫瑰红色消失。假定消耗 HCl 的量为 V_1 mL。

第二次滴定:在上面的锥形瓶中加入 5 滴甲基黄指示剂,取同样体积的蒸馏水作为空白对照。分别以 HCl 标准液滴定至甲基黄转为红色。假定水样、空白试验消耗的 HCl 标准液分别为 V_1' mL、V_0 mL。

4. 结果的计算

$$第一类物质的含量/(\mathrm{mmol \cdot L^{-1}}) = \frac{V_1 \times c}{V_2} \times 1\ 000$$

$$第二类物质的含量/(\mathrm{mmol \cdot L^{-1}}) = \frac{(V_1' - V_0) \times c}{V_2} \times 1\ 000$$

总碱度即以上两种物质的总和。

附 1.1.5　碳酸氢盐碱度和 VFA 分析的联合滴定法

1. 原理

厌氧处理中会产生大量的 CO_2,在反应器条件下($pH = 6 \sim 8$),这些 CO_2 主要以 HCO_3^- 的形式存在。这是厌氧处理中最重要的 pH 缓冲物,由 HCO_3^- 或主要由 HCO_3^- 引起的碱度称为碳酸氢盐碱度。HCO_3^- 可以产生最大缓冲能力的范围在 $pH = 6 \sim 7$。如前所述,HCO_3^- 可以通过滴定测定,但测定过程受到其他一些阴离子的干扰;其中发酵液中常含有 VFA 的阴离子是影响碳酸氢盐碱度的主要因素。为此,在荷兰发展了碳酸氢盐碱度和 VFA 同时进行测量的方法。其原理叙述如下:

水样先以 0.100 0 mol/L 的 HCl 标准溶液滴定至 $pH \leqslant 3.0$,在这一 pH 值下,所有 HCO_3^- 被完全转化为 H_2CO_3,VFA 也几乎完全转化为其非离子形式。此后,已被滴定至 $pH = 3$ 的水样再带回流冷凝器的烧瓶中煮沸,所有转化为 H_2CO_3 的 HCO_3^- 将分解为 CO_2 和 H_2O,其中 CO_2 完全由其中逸出,而 VFA 则因为有回流冷凝器而保留在水样中。然后水样以 0.100 0 mol/L 的 NaOH 标准溶液滴定至 $pH = 6.5$,在此 pH 值下,所有的 VFA 和其他弱酸将被转化为其离子形式。由使用的 HCl 和 NaOH 标准溶液的量,即可计算出碳酸氢盐碱度和 VFA 的浓度。由此得到结果更宜于判断水样在厌氧条件下的缓冲能力。

2. 药品和仪器

(1)0.100 0 mol/L 的 HCl 标准溶液。

(2)0.100 0 mol/L 的 NaOH 标准溶液。

(3)250 mL 烧瓶(带磨口)、250 mL 烧杯、移液管等。

(4)回流冷凝器。

(5)自动电位滴定计。

3. 操作步骤

(1)安装并校准自动电位滴定计。

（2）将水样离心（5 000 r/min,10 min）或以滤纸过滤,准确取上清液或滤液 V mL(其中含有的 VFA 的量不超过 3 mmol)加入 250 mL 烧杯。

（3）如果此样品水样的 pH 值高于 6.5,则准确调节 pH 值至 6.5。然后在自动电位滴定计上滴定此水样至 pH = 3.0,消耗的 0.100 0 mol/L HCl 记作 Z mL。

（4）将此水样转移至磨口烧瓶、加入沸石或玻璃珠少许,安装好回流冷凝器。开冷却水,加热至沸腾并维持 3 min 以上。撤离酒精灯并等待 2 min,将溶液转移回 250 mL 烧杯。

（5）以 NaOH 标准溶液滴定至 pH = 6.5,消耗的 NaOH 溶液记作 b mL。

4. 结果计算

$$VFA/(mmol/L) = \frac{b \times c_b}{V} \times 1\ 000$$

$$碳酸氢盐碱度/(mmol/L) = \frac{Zc_a - bc_b}{V} \times 1\ 000$$

式中, c_a 为标准 HCl 溶液的浓度, mol/L; c_b 为标准 NaOH 溶液的浓度, mol/L。

附 1.2　氧化还原电位的测定

附 1.2.1　基本概念与测定原理

氧化还原电位是指培养环境里一切氧化还原因素总和的定量指标。还原势越高,则反应厌氧条件越好。影响氧化还原电位高低的因素很多,其中最突出的是发酵系统的密封条件的优劣。密封得好坏直接影响到该系统与空气中氧的隔离状况。此外,发酵基质中各类物质的组成比例也明显影响到系统内氧化还原电位(E_h)。因此, E_h 值的测定将有助于了解上述问题。

氧化还原电位的电位计测定,是建立在 Nernst 方程基础之上的,即

$$E_h = E^{\ominus} + \frac{RT}{nf}\ln\frac{[氧化型]}{[还原型]}$$

式中, R 为摩尔气体常量; T 为热力学温度($273 + t$ ℃); n 为离子价; f 为电化学当量(96 500 C); $E^{\ominus}$ 为标准电极电位; E_h 为待测氧化还原电位; [氧化型]为氧化态离子浓度; [还原型]为还原态离子浓度。

当以 2.303 lg 10 代替 ln,并在 25 ℃进行测量时,上式可以简化为

$$E_h = E^{\ominus} + \frac{0.0589}{n}\lg\frac{[氧化型]}{[还原型]}$$

从以上公式可知,在任何一个体系里, E_h 值的大小与氧化态物质离子浓度的对数成正比,与还原态物质离子浓度的对数成反比。

使用电位计测定氧化还原电位,简单地说,就是测定一个原电池的电极电位,此原电池的一极是由铂电极插入待测液构成,以饱和甘汞电极为另一电极插入同一待测液,两者组成一原电池,并与电位计连接,便可测出该体系中氧化还原势的大小,其值以伏(V)或毫伏(mV)表示。

附 1.2.2　 E_h 的电位计测定方法

目前常用的氧化还原电位计实际是 pH 测定仪(如上海雷磁 25 型、ZD - 2 型、pHS - 29

型、pHS－2 型以及 pHS－3 型等酸度计)。

测定电极的选择,多以铂电极作指示电极,因为金属铂不与体系发生任何化学反应,只起传递电子的作用。选用饱和甘汞电极为参比电极,可以克服氢电极的弱点,并且其电势值较稳定,温度系数较小,约为 －0.000 7 V/℃。

采用酸度计测定氧化还原电位值时,其读数值是代表被测样品的氧化还原电位与参比电极的电极电位所形成的电位差。因此,样品的实际电位值应该经过换算才能求得,即

$$E_h = E_{obs} + E_{ref}$$

式中,E_{obs} 为由铂电极—饱和甘汞电极测得的氧化还原电位值,mV;R_{ref} 为饱和甘汞电极电位值,mV,其值随温度变化而变化,在不同温度下饱和甘汞电极电位。

E_{ref} 随温度的变化而不同,其关系见附表 1.1。

附表 1.1　饱和甘汞电极的 E_{ref} 与温度的关系

温度/℃	电位值/mV	温度/℃	电位值/mV
0	260.1	38	235.6
10	254.0	40	234.2
12	253.0	50	227.1
15	250.8	60	219.0
18	248.9	70	212.3
25	247.6	80	204.6
30	244.3	90	196.6
35	237.6	100	188.4

笔者测定氧化还原电位采用 pHS－25 型酸度计,装置如附图 1.1 所示,待通水一段时间,装置内气泡被排净,显示值稳定后测定。

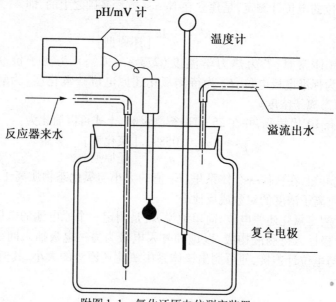

附图 1.1　氧化还原电位测定装置

附 1.3 pH 值的测定

附 1.3.1 测定 pH 值的重要意义

溶液的 pH 值是指溶液中氢离子浓度的负对数,即 $pH = -\lg[H^+]$。它表示溶液的酸碱度。在产酸发酵过程中,基质的 pH 值对微生物的生命活动有着直接和间接的影响,基质的 pH 值影响生活细胞的原生质特性、酶活性,从而影响微生物的发酵活性。同时,基质的 pH 值也影响着发酵基质的解离程度。环境的 pH 值不同,可导致基质成分和发酵中间产物呈现不同的反应状态。因此,pH 值的测定也是产酸发酵过程中一项重要指标。

产酸发酵可适应的 pH 值范围是 $4.0 \sim 8.0$,在正常发酵过程中,对系统的 pH 有自然的平衡能力,pH 值的波动较小。影响发酵 pH 值的因素较多,诸如发酵的状况、基质的组成成分等。测定基质 pH 并研究不同 pH 值对发酵状况的影响,将有助于掌握和控制发酵过程。

附 1.3.2 pH 值的比色测定法

在 pH 值测定仪未能广泛使用的情况下,用比色法测定可以得到一个粗略的数据。比色法是用有机酸碱指示剂的颜色变化来测定 pH 值。这类指示剂具有弱酸和弱碱的特性,当它呈离子状态时呈现一种颜色,呈分子状态时呈现另一种颜色,而分子的解离与否取决于所在溶液的 pH 值和指示剂自身的解离常数。

比色法测 pH 值除使用标准色阶比色外,更粗略的方法是采用市售的 pH 广泛试纸或精密试纸,前者的色阶为 1.0 pH,后者的色阶为 $0.2 \sim 0.5$pH。比色法测定 pH 除精度较差外,其局限性较大,当待测样为有色溶液或混浊液时不能使用,在此不再赘述。因此沼气发酵液的 pH 值应尽可能用电位计法测定。

附 1.3.3 pH 值的电位计测定法

以玻璃电极为指示电极的电位计法测定 pH 值已经得到了广泛的应用,它的测定原理类同于 E_h 的测定,即是将参比电极和指示电极同时浸入一个试样中,构成一个原电池,以获得的电极的电位差,按照 Nernst 公式,可以算出该测液的氢离子浓度,进而求出 pH 值。

采用玻璃电极为指示电极测定 pH 值,其优越性在于精密度较高,且不受试样中氧化剂、还原剂、胶体、浑浊物的影响。国产普通 pH 计的准确度可达 ± 0.1pH,国产精密 pH 计的准确度为 ± 0.02pH。

1. 测定方法

这里以雷磁 pHS – 25 型酸度计为例,介绍 pH 值的测定方法。

(1)pH 计的校准以磷酸盐标准缓冲液或硼砂标准缓冲液为校准试剂。首先将 pH 计上的温度补偿旋扭拨至接近室温的标准液的温度,打开电源开关,预热 5 min,将电极浸入溶液轻微摇动,调节零点,按下读数按钮,调节定位旋钮,让指针读数与标准液的 pH 值相符合,放开读数旋钮,再次调零点,重复校正定位开关的位置,至读数不变为止。此定位器的开关定位后,不再变动,否则需另行调节。

以蒸馏水清洗电极后,用滤纸小心吸干,更换另一种标准缓冲液,按下读数按钮,此时的指针所指 pH 值读数与此标准液的 pH 值一致,相差值应符合仪器的要求(≤±0.02pH),表示校正结束,否则需检查原因。

(2)样品测定。待测液最好经放置接近室温,然后将二电极浸入其中,轻微摇动,以促进达到平衡,观察零点位置无变化,即可按下读数开关,记录指针所指 pH 数值,即为测定的 pH 值。

(3)三种标准缓冲液的配制。

①pH 值为 4.00 的 0.05 mol/L 苯二甲酸氢钾缓冲液:称取在 105 ℃烘干的苯二甲酸氢钾(KHC_8H_4O,A.R.)10.21 g 溶于重蒸馏水中,稀释至 1 000 mL 备用。

②pH 值为 6.86 的 0.025 mol/L 磷酸盐缓冲液:分别称取在 110－130 ℃烘 2 h 的磷酸二氢钾(KH_2PO_4,A.R.)3.39 g 和磷酸氢二钠(Na_2HPO_4,A.R.)3.53 g,溶于除去 CO_2 的重蒸馏水中,稀释至 1 000 mL,转入干燥清洁的磨口试剂瓶内备用。

③pH 值为 9.18 的标准缓冲液:称取 3.80 g 硼砂 $Na_2B_4O_7 \cdot 10H_2O$,溶于预先煮沸 15 min,又冷却至常温的重蒸馏水中,稀释至 1 000 mL,储于塑料瓶中备用。

2. 测定注意事项

采用一般的玻璃电极为指示电极时,只宜于测定 pH 值为 1.0～10 的溶液,pH 值超过 10 的溶液应采用特别的玻璃电极。玻璃电极使用之初,应置于 0.1 mol/L HCl 或蒸馏水中浸泡 12～24 h,若长期不使用,应保存于纸盒中。每次测定结束,应以蒸馏水冲洗。甘汞电极在使用前,应注意 KCl 的量是否足够,为确保其为 KCl 的饱和溶液,最好以电极里有少许的 KCl 晶体存在为准,且弯管内不允许有气泡将溶液隔断。使用时应取下注液口的橡皮帽,以防被测液倒灌。

目前,随着科学技术的发展,复合电极应运而生,即将指示电极和参比电极组合在一起,用来检测某一给定溶液中的氧化还原能力或 pH 值。

使用方法:将电极接到 pH/ORP 计输入端,然后根据电极的不同设定在 pH 值或 mV 挡,将电极进行两点校正后即可进行使用。此种电极非常方便,可节省大量的人力和物力。

附 1.4　挥发性脂肪酸的测定

一般说来,碳原子数在 10 以下的脂肪酸大部分具有挥发性,并且易溶于水。在它们中间,随着碳原子数的增加,挥发性逐渐下降。典型的挥发酸见附表 1.2。

附表 1.2　低级脂肪酸的分子式及沸点

名称	分子式	沸点/℃
甲酸	HCOOH	100.8
乙酸	CH_3COOH	117.5
丙酸	C_2H_5COOH	140.0
丁酸	C_3H_7COOH	162.3
戊酸	C_4H_9COOH	185.5
己酸	$C_5H_{11}COOH$	205.0

挥发性脂肪酸易被微生物利用。在有机物的厌氧分解中,挥发性脂肪酸是作为生物代谢的中间或最终产物而存在的。在厌氧发酵的液化产酸阶段,这一类低级脂肪酸是这一阶段的主要产物,其中以乙酸为主。在某种条件下,乙酸可以达到该类酸总量的80%。在 CH_4 形成过程中,甲酸和乙酸是形成甲烷的重要前体物。据研究,自然界有机物产生的 CH_4 中大约有70%是由乙酸中的甲基原子团形成。丙酸、丁酸可以转化成甲酸。有机酸过多往往反映出发酵池的病态。因此可以认为,在厌氧发酵的微生物过程中,挥发性脂肪酸不仅是一种不可缺少的营养成分,更重要的意义在于这类有机酸已是沼气发酵研究中有机物降解工艺条件优劣的重要参数,在甲烷形成的研究和生产中,它们的含量也是重要的参数。

在挥发性脂肪酸的总量测定中,是以乙酸作为基数进行计算,除了要求测定总量外,对甲酸、乙酸等各种低级脂肪酸的分别定量分析也是十分重要的。

附1.4.1　$C_2 \sim C_5$ 挥发性脂肪酸的气相色谱测定法

1. 测定原理

使用色谱仪上的氢火焰检测器测定挥发性脂肪酸含量,其基本原理是:色谱柱分离后馏出的物质被载气载人检测器离子室的喷嘴口,与燃烧气 – 氢气相混合,并以空气为助燃气进行燃烧,以此为能源,将组分电离成离子数目相等的正离子和负离子(电子)。在离子室内装有收集极和底电极,因此离子在电场内作定向流动,形成离子流。该离子流被收集极收集后,经过微电流放大器放大输送给记录仪得到信号,此信号的大小代表单位时间内进入检测器火焰的组分含量。

2. 测定条件

(1)试剂与设备。

①乙酸、丙酸、丁酸、戊酸混合标准液的配制。分别吸取乙酸(A. R. ,相对密度为1.045,含量为99%)、丙酸(A. R. ,相对密度为0.9987,含量为99.5%)、丁酸(A. R. ,相对密度为0.8097,含量为99%)、戊酸(A. R. ,相对密度为0.934,含量为100%)各25 mL 于50 mL容量瓶中,再加入 2.5 mL 甲酸(A. R. ,相对密度为1.22,含量为88%),最后用蒸馏水定容。其中乙酸、丙酸、丁酸、戊酸的浓度分别为517 mg/kg、497 mg/kg、401 mg/kg、467 mg/kg。

②6 mol/L 硫酸的配制。将167 mL 浓硫酸(相对密度为1.84)缓慢倒入833 mL 蒸馏水中。

③甲酸。相对密度为1.22,含量为88%。

④离心机。4 000 ~16 000 r/min。

⑤气相色谱仪。FID 检测器。

(2)样品预处理。用沼气发酵液7 mL 加入2 滴 6 mol/L H_2SO_4 使 pH 值降至3.5 左右(用 pH 值试纸粗测),离心20 ~30 min,取上层透明清液3 mL,加入0.15 mL 浓甲酸,最终 pH 值为2 左右(控制在3 以下)。

(3)主要实验参数。

条件一:固定相　GDX$_{103}$ + H_3PO_4 2%(60 ~80 目);柱长为 2 m × φ6 mm;柱温为180 ~ 200 ℃;气化室温度240 ℃;检测温室210 ℃;进样量2 μL;载气氮气流量 N_2 50 mL/min;氢气流量为50 mL/min;空气流量600 ~700 mL/min;衰减 ×1/8;纸速为5 mL/min。

条件二：色谱柱 2 m×φ3 mm 不锈钢柱,内填国产 GDX - 401 担体,60 ~ 80 目;柱温为 210 ℃;载气氮气流率为 90 mL/min;空气流率为 500 mL/min;氢气流率为 50 mL/min;气化室温度为 240 ℃;检测温度为 210 ℃。

条件三：色谱柱 2 m×φ6 mm,装有以 2% 磷酸饱和的 60 ~ 80 目 GDX - 103 担体;柱温为 180 ~ 200 ℃;气化室温度为 240 ℃;检测温度为 210 ℃;进样量为 2 μL;载气流量 N_2 为 50 mL/min;氢气流量为 50 mL/min;空气流量为 600 ~ 700 mL/min。

条件四：色谱柱 2 m×φ2 mm 玻璃柱,内装以 10% 的商品固定液 FluoradFC431 涂布的 Supelcoporc 担体,100 ~ 200 目;柱温为 130 ℃;气化室温度为 220 ℃;检测温度为 210 ℃;载气氮气流量为 40 mL/min。

（4）定性和定量。

①定性。配制模拟标准样品,用已知物质的保留时间对照被测物质的保留时间进行定性。

②定量。用已知样校正法进行定量,其方法是配制已知浓度的标准样(与样品组分一致)进行色谱试验,测量标准样各组分的峰高(或峰面积),求出组分 i 的单位峰高(或峰面积)的组分含量校正值或作出峰高和浓度的标准曲线。当样品组分浓度变化不大时,可采用单点校正法。当样品组分浓度变化很大时,则须预先用标准样作出浓度和峰高或峰面积的标准曲线,观察其标准曲线是不是通过原点的直线,即是否呈线性。若呈线性,就可用单点校正法,按下面的公式计算:

$$C_i = \frac{c_s}{H_s} \times H_i \times \frac{V_总}{V_样}$$

式中,c 为待测样品的浓度,μg/g;H_i 为待测样品峰高,mm;C_s 为标准样品的浓度,μg/g;H_s 为标准样品的峰高,mm;$V_总$ 为待测样品体积加甲酸体积,mL;$V_样$ 为待测样品的体积,mL。

3. 方法的精度和注意事项

（1）以 GDX_{103} + H_3PO_4 2% 为固定相,比用 GDX_{101}、PEGS、Porapak 等作为固定相,其保留时间短,且峰形对称。

（2）本法最小检测量为 4 μg/g,相对误差为 1.8%,相对标准偏差小于 2.7%(以乙酸计)。

（3）有机酸是一种强极性物质,沸点较高,由于担体对酸的吸附,常常引起酸峰拖尾和鬼峰的出现。因此,取有机酸直接进样测定时,为了抑制酸的吸附,可采取以下措施。

①在样品中加入一定量的浓甲酸液(相对密度为 1.22,含量为 88%),使其甲酸加入量(体积)与样品的体积比为 5:100。甲酸是一种一元羧酸,解离常数(2.11×10^{-4})大于其他任何一元羧酸,当含有甲酸的样品进入固定相时,担体表面的吸附中心位置被甲酸暂时占据,这样便抑制了 $C_2 \sim C_6$ 酸被担体的吸附。此外,甲酸在 FID 上响应很低,故对其他组分的应答影响不大。

②酸的吸附还发生在接近进样口的地方,由于进样口常积累有碳质沉积物,通常采用蒸馏水清洗进样口,并用 1.5% 磷酸 - 丙酮液来浸泡进样口,然后在约 150 ℃ 的温度下将进样口烘烤 4 ~ 8 h。

③用 1.5% 磷酸 - 丙酮液来浸泡柱口玻璃毛。

④在分析高浓度时,一定分析周期内注射水或 15% 甲酸液来洗涤被柱子吸附的酸。

⑤操作条件恒定以后,在进标准酸样或样品之前,用15%的甲酸液来冲洗柱子3~4次。

(4)柱子的使用寿命为4~6个月,一旦发现色谱峰出现拖尾或重复性差,就必须更换柱子。

(5)尽管采取了一系列防止吸附的措施,但柱子的吸附问题还是不可能完全解决,特别是对于4 000 mg/kg以上高浓度的酸样,如何克服吸附问题还值得更进一步的研究。

(6)当检测器的灵敏度显著降低或更换新柱之后,重新作校正曲线。

附1.4.2　挥发性脂肪酸总量的比色测定法

1. 测定原理

含挥发性脂肪酸的样液,在加热的条件下,与酸性乙二醇作用生成酯,此酯再与羟胺反应,形成氧肟酸。在高铁试剂存在下,氧肟酸转化为高铁氧肟酸的棕红色络合物,其颜色的深浅在一个较大的范围内与反应初始物——挥发性脂肪酸的含量成正比,故可用比色法测定。

2. 测定方法

试剂:

①1:1硫酸。浓硫酸(C. P. ,相对密度为1.84)加至同体积蒸馏水中稀释配制。

②酸性乙二醇试剂。取30.0 mL乙二醇(C. P.)与4.0 mL配制的稀硫酸混合。

③4.5 mol/L的氢氧化钠。称取180 g氢氧化钠(C. P.)溶于水中,冷却后以蒸馏水稀释至1 L。

④10%硫酸羟胺溶液。称取硫酸羟胺(C. P.)10.0 g,溶于100 mL蒸馏水中。

⑤羟胺试剂。量取20.0 mL 4.5 mol/L氢氧化钠溶液,与5.0 mL10%的硫酸羟胺相混合。

⑥酸性氯化铁试剂。将20.0 g(A. R.)$FeCl_3 \cdot 6H_2O$溶于500 mL水中,准确加入20.0 mL浓硫酸,并以蒸馏水稀释至1 L。

2. 测定程序

①乙酸标准液的配制。精确称取乙酸(A. R. ,相对密度为1.045,含量为99.0%)1.010 g,以蒸馏水稀释至100 mL,此溶液含乙酸10 mg/mL。

准确吸取10 mg/mL乙酸标准溶液1.0 mL,5.0 mL,10.0 mL,15.0 mL,20.0 mL,25.0 mL,30.0 mL,分别置于100 mL容量瓶内,以蒸馏水定容至刻度,摇匀,即得100 mg/kg,500 mg/kg,1 000 mg/kg,1 500 mg/kg,2 000 mg/kg,2 500 mg/kg,3 000 mg/kg的乙酸标准系列液。

②标准曲线的绘制。取相对密度1.045的乙酸(C. P.)试剂,制成50 mL/L,100 mL/L,500 mL/L,1 000 mL/L,1 500 mL/L,2 500 mL/L,3 000 mL/L的系列标准液,分别吸取0.5 mL分置于试管中(12.5 cm×1.5 cm),每瓶中准确加入1.7 mL酸性乙二醇试剂,充分混匀,于沸水塔中加热3 min,然后立即用冷水冷却;再加入2.5 mL羟胺试剂,充分摇匀,然后全部倒进盛有10 mL酸性氯化铁试剂的25 mL容量瓶内,充分振荡混匀,以蒸馏水定容,用721型分光光度计以500 nm波长测定其光密度,绘制标准曲线,以横坐标表示浓度值,纵

坐标表示光密度值。

③样品的测定。以 4 000 ~ 10 000 r/min 的离心条件,制取沼气发酵样品澄清液,吸取 0.5 mL 样液置于试管中(12.5 cm × 1.5 cm),准确加入 1.7 mL 酸性乙二醇试剂,充分混合,于沸水浴中加热 3 min,应避免试管与加热器壁直接接触。然后立即将试管置于冷水中冷却。加入 2.5 mL 羟胺试剂,并混匀,放置 1 min,然后全部倒进盛有 10 mL 酸性氯化铁试剂的 25 mL 容量瓶中,用蒸馏水定容,并充分摇匀,静置 5 min,用分光光度计以 500 nm 波长测定光密度。同样操作做空白试验一份。其计算式为

$$挥发性脂肪酸总量/(mg \cdot L^{-1}) = \frac{c \times V_1}{V} \times 10^3$$

式中,c 为样液光密度值相应于标准曲线上挥发酸的含量;V 为测定样液体积,mL;V_1 为测定时液样的稀释倍数。

3. 注意事项

(1)此方法是挥发性脂肪酸总量的经验测定法,比蒸馏法测定更为简便、快速。除 150 mg/L 以下的低浓度范围外,其测定值相对误差与气相色谱法测定总值的相对误差相近。

(2)此法中的反应是在严格的 pH 值条件下进行的,最适 pH 值为 1.6 ± 0.1。pH 值高于 2.0 时,色度加剧,pH 值低于 1.0 时,颜色难以稳定,易消失。

(3)酸性乙二醇试剂和羟胺试剂宜使用时配,也可在测定中配入,例如,以加入 1.5 mL 乙二醇和 0.2 mL 稀硫酸来代替 1.7 mL 酸性乙二醇试剂,以 0.5 mL 硫酸羟胺和 2.0 mL 4.5 mol/L的氢氧化钠来代替 2.5 mL 羟胺试剂。

(4)如果所做的空白测定含酸量超过 200 mg/L 时,必须用氢氧化钠蒸馏提纯乙二醇。

(5)酸性氯化铁配制好后,应静止,过夜,弃去沉淀物。

(6)必须严格遵守操作规程,显色反应必须充分摇动。

(7)比色法测挥发性脂肪酸总量,方便快速,对于特定样品(特别是污水污泥体系)的准确度较高,适合于沼气发酵的常规分析。

附 1.5　硫酸盐和硫化物的测定

许多工业废水中含有硫酸盐,在厌氧处理时它们会转化为硫化物。在厌氧处理的 pH 值条件下,硫化物部分地以 H_2S 的形式存在,它们的毒性会抑制甲烷菌的活性。因此硫酸盐和硫化物的测定在厌氧处理中常常会遇到。

附 1.5.1　硫酸盐的络合滴定法测定

1. 原理

以氯化钡溶液沉淀硫酸根离子再过滤,洗涤硫酸钡沉淀并溶于乙二胺四乙酸钠盐(ED-TA)的碱性溶液中,用氯化镁溶液滴定过量的 EDTA。

2. 药品与仪器

(1)缓冲溶液。将 20 g 氯化铵溶于蒸馏水中,加入 100 mL 浓氨水,用水稀释至 1 L。

(2)0.05 mol/L 氯化钡溶液。将 6.108 9 g $BaCl_2 \cdot 2H_2O$ 溶于蒸馏水中并稀释至 1 L。

(3)9 mol/L 氨水。将 67.5 mL 25% 的氨水用蒸馏水稀释至 100 mL。

(4)盐酸。相对密度为 1.19。

(5)铬黑 T 指示剂。将 0.5 g 铬黑 T 溶于 10 mL 缓冲液中,用乙醇稀释至 100 mL。

(6)0.025 mol/L 的 EDTA 溶液。在少量蒸馏水中溶解 9.306 0 g 二水合 EDTA 或 8.405 3 g 无水 EDTA,并以蒸馏水稀释至 1 L,此溶液需以 0.025 mol/L 的镁盐溶液标定。

(7)0.025 mol/L 镁盐溶液。将 1.0076 g 氧化镁或 0.6076 g 金属镁溶于少量 10% 的盐酸中,用蒸馏水稀释至 1 L。

(8)甲基橙指示剂。

(9)2 mol/L NaOH 溶液。

(10)250 mL 锥形瓶、恒温水浴、滴定管等。

3. 操作步骤

用移液管准确吸取 V mL 的水样,移至 250 mL 锥形瓶;水样的体积应以含 SO_4^{2-} 在 5 ~ 25 mg 为宜,用蒸馏水稀释(或蒸发)至 100 mL。

向水样中加入几滴甲基橙,以 NaOH 溶液调至碱性,再根据指示剂以盐酸中和后,再加入 3 滴浓盐酸,注入 25 mL 氯化钡溶液,加热至沸腾并于水浴上保持 1 h,略静置片刻。

用滤纸过滤上述溶液,过滤时,尽量使沉淀留在锥形瓶底部。清液过滤后,用 40 ~ 50 ℃ 热水洗涤锥形瓶中的沉淀 5 ~ 6 次,尽量使沉淀仍留在锥形瓶中,将洗涤水仍以同一滤纸过滤。洗涤至滤过液不使稀硫酸产生沉淀为止。

将滤纸转移至底部留有硫酸钡沉淀的原锥形瓶中,加入 5 mL 氨水并按约每 5 mg SO_4^{2-} 加入 6 mL 的量,加入 0.025 mol/L 的 EDTA 溶液。加热至沸腾并使沉淀完全溶解(约 10 min)。

冷却后,加入 50mL 蒸馏水、5mL 氯化铵缓冲液,几滴铬黑 T 指示剂溶液。以氯化镁滴定过量的 EDTA 直至溶液颜色由蓝色转变为淡紫色。

4. 计算

$$硫酸根离子浓度/(mg \cdot L^{-1}) = \frac{(V_E \times c_E - V_M \times c_M) \times 96.06 \times 1\,000}{V}$$

式中,V_E 为溶解硫酸钡所加 EDTA 溶液的量,mL;c_E 为 EDTA 溶液准确浓度,mol/L;V_M 为滴定过量 EDTA 消耗的镁盐溶液,mL;c_M 为镁盐溶液的准确浓度,mol/L;V 为水样的体积,mL。

附1.5.2　硫酸盐的质量法测定

1. 原理

以氯化钡加入含 SO_4^{2-} 的水样中,在酸性介质中沉淀 SO_4^{2-}。根据生成沉淀物硫酸钡的质量计算出 BO_4^{2-} 的含量。

2. 药品

(1)盐酸。密度为 1.19 g/cm³。

(2)10% 氯化钡溶液。

(3)甲基橙指示剂。

3. 操作步骤

将待测水样过滤,然后取 200 mL 放入 400 mL 烧杯,加入甲基橙指示剂 2 滴,用 1∶1 盐酸酸化,再多加 1.5 mL,加热煮沸 5～10 min。趁沸慢慢滴加氯化钡溶液 5～10 mL,在电热板上煮沸、静置、过夜,使其完全沉淀。用定量滤纸过滤,用热水洗至无氯离子(以硝酸银溶液检查)。将滤纸及沉淀放入已知质量的磁坩埚中,烘干、灼烧至恒重。

4. 计算

$$硫酸根离子浓度/(\text{mg} \cdot \text{L}^{-1}) = \frac{m \times 0.4116 \times 1\,000}{V}$$

式中,m 为灼烧后硫酸钡沉淀的质量,mg;V 为水样体积,mL。

附 1.5.3 硫化物的甲基蓝比色法测定

1. 原理

硫化物(H_2S、HS^- 和 S^{2-})在酸性条件下以硫化氢的形式与二甲基－正苯二胺(DMP)反应生成无定形的甲基蓝,无定形甲基蓝被三价铁离子氧化为甲基蓝,从而可用比色法间接测定。

亚硝酸盐可能干扰测定,但它可被所用试剂中的氨基磺酸分解。当亚铁离子浓度小于 25 mg/L、亚硫酸根离子浓度小于 25 mg/L,硫酸根离子浓度小于 10 mg/L 时,均不干扰测定。

如果水样中含大量碳酸氢根或碳酸根离子,则当加入强酸性的 DMP 溶液时会析出 CO_2,此时可能带走部分硫化氢。所以应小心加入试剂以使其与水样形成两层溶液,然后塞紧烧瓶摇动 30 s,当打开瓶塞时,CO_2 会逸出,而硫化氢会完全溶于水中。

2. 药品与仪器

(1)乙酸锌溶液。将 20 g $Zn(CH_3COO)_2 \cdot 2H_2O$ 溶于 800 mL 蒸馏水中,加入 2 mL 100% 的乙酸,加水稀释至 1 L。

(2)硫酸铁(Ⅲ)铵溶液。将 10 g $FeNH_4(SO_4)_2 \cdot 12H_2O$ 溶解于 50 mL 蒸馏水中,加入 200 mL 浓硫酸,冷却后稀释到 1 L。

(3)DMP 溶液。将 3.3 g 二甲基－正苯二胺盐溶于 50 mL 1 mol/L 的盐酸,置于 1 L 容量瓶,加入约 300 mL 蒸馏水,在不断冷却的情况下加入 400 mL 浓硫酸。另于 100 mL 蒸馏水中溶解 10 g 氨基磺酸。在冷却情况下将氨基磺酸溶液加到二甲基－正苯二胺溶液中,用蒸馏水稀释至 1 L。

注意,DMP 毒性极强,应用中应戴上橡胶手套以避免接触皮肤,其溶液的制备与使用应当在通风处中进行。

(4)100 mL 容量瓶。

(5)分光光度计。

3. 操作步骤

(1)在 100 mL 容量瓶中加入 20 mL 乙酸锌溶液,然后加入 V mL 水样,水样的量以不超过相当于 0.08 mg H_2S 的硫化物为限(此水样如不立即分析,可在冰箱中保存约 5 d)。

（2）加入蒸馏水至约 80 mL，并缓和晃动使均匀。

（3）加入 4.0 mL DMP 溶液（小心沿壁加入），立刻用塞子盖住并强烈摇晃约 30 s。

（4）打开塞子，加入 0.5 mL 硫酸铁（Ⅲ）铵溶液，再次盖上塞子强烈摇晃，用蒸馏水稀释至刻度。

（5）在 15 min ~ 2 h 之间在 660 nm 波长下测其吸光度。

（6）用与上述同样的方法取 V mL 蒸馏水作为空白试验。

（7）在上述测试前，应事先以 Na_2S 标准溶液测定出吸光度 - 硫化物浓度标准曲线，进而求出吸光度与硫化物浓度的换算系数。

硫化钠标准溶液配制如下：

取 150 mg $Na_2S \cdot 9H_2O$（相当于 20 mg H_2S）溶于 500 mL 蒸馏水。此溶液以间接碘法滴定以确定其准确浓度。

在锥形瓶加入 25 mL 0.01 mol/L 碘溶液，然后加入 50 mL 配制好的硫化钠溶液，再加 5 mL 混合酸（400 mL 蒸馏水 + 50 mL 浓硫酸 + 50 mL 浓磷酸），避光放置 5 min。加入淀粉指示剂后以标准硫代硫酸钠溶液滴定剩余的碘。与硫离子反应的 1 mL 0.01 mol/L 碘溶液相当于 0.170 4 mg H_2S。

将标准 Na_2S 溶液稀释成不同浓度的若干标准溶液，每个浓度的溶液分别取同样的体积 V' mL，用（1）~（6）所述方法测其吸光度，绘出吸光度—硫化物浓度曲线并求出换算系数。

4. 计算

$$硫化物浓度（H_2S 或 S^{2-} 计）= f(E - E_0) \times \frac{V'}{V}$$

式中，f 为吸光度与硫化物浓度的转换系数；E 为水样的吸光度；E_0 为空白的吸光度；V' 为测吸光度，硫化物标准曲线时所取 Na_2S 标准溶液的体积，mL；V 为被测水样的取样体积，mL。

附 1.5.4　硫离子选择电极法快速测定硫化物

1. 实验原理

用硫离子选择电极作指示电极，双桥饱和甘汞电极为参比电极，用标准硝酸铅溶液滴定硫离子，以伏特计测定电位变化指示反应终点。

$$Pb^{2+} + S^{2-} =\!=\!=\!= PbS \downarrow$$

硫化铅的溶度积 $[Pb^{2+}][S^{2-}] = 8.0 \times 10^{-28}$。等当点时，硫离子浓度为 10^{-14} mol/L，若在等当点前 $[S] = 10^{-6}$ mol/L，此时浓度变化 8 个数量级。根据 Nernst 方程可得

$$E = E^{\ominus} + 29 \lg a_{S^{2-}}$$

式中，E 为电极电位，mV；$E^{\ominus}$ 为标准电极电位，mV；$\alpha_{S^{2-}}$ 为硫离子活度。

从方程中看出，硫离子浓度变化 8 个数量级时，电位变化 29×8 mV。在终点时电位变化有突跃。用二阶微分法算出硝酸铅标准溶液的用量，即可求出样品中硫离子的含量。

2. 仪器与试剂

仪器包括 pHS - 2 型酸度计，磁力搅拌器，铅酸离子选择电极（上海分析仪器二厂），217 型饱和甘汞电极。试剂包括标准硫化钠溶液：称取硫化钠晶体，用去离子水冲洗表面。配

成 0.028 5 mol/L 的溶液(用标准硝酸酸铅溶液标定),0.100 0 mol/L 标准硝酸铅溶液:称取硝酸铅 33.120 0 g 溶于去离子水中,移入 1 000 mL 容量瓶中并稀释至刻度(临用时再准确稀释为所需浓度)。

3. 实验方法

硝酸铅溶液滴定硫离子的试验:取硫标准溶液 10 mL 于 100 mL 的烧杯中。加水稀释到 20 mL。置于磁力搅拌器上,插入电极,用硝酸铅标准溶液电位滴定至终点(电位突跃)。在滴定过程中记下硝酸铅的量和对应的电位的数值,绘制曲线,见附图 1.2,计算并分析结果。

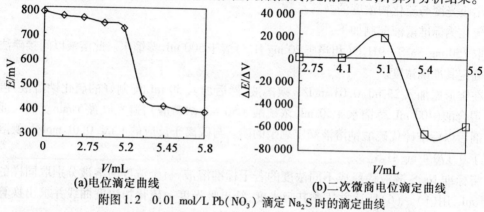

(a)电位滴定曲线　　　　　　(b)二次微商电位滴定曲线

附图 1.2　0.01 mol/L Pb(NO₃) 滴定 Na₂S 时的滴定曲线

从附图 1.2(a)可见,等当点前后有 200 mV 以上的电位突跃,对数据进行二阶微分,确定滴定终点(V)。图 12.2(b)中曲线与 x 轴的交点即为滴定终点。按下式计算硫化物:

$$c_{硫化物}/(mg \cdot L^{-1}) = \frac{MV \times 32.06 \times 1\,000}{V_{试}}$$

式中,M 为标准 Pb(NO₃)₂ 溶液浓度,mol/L;V 为根据二次微商(图 12.2 定出的终点时标准 Pb(NO₃)₂ 体积,mL;$V_{试}$ 为样品体积,mL。所以此方法可以准确地测定溶液中的硫化物。

采用硫离子选择电极测定硫化物,不受出水色度、浊度的影响,水样无须预处理,具有设备简单、操作方便、快速准确、稳定性好、抗干扰能力强等优点,加标回收率为 98% ~ 109%,适用于连续流的产酸脱硫反应器中出水和出气中硫化物的测定。

附 1.6　有机物厌氧生物可降解性测定

附 1.6.1　目的与原理

废水的厌氧生物可降解性系指废水 COD 中可以被厌氧微生物降解的部分(即可降解 COD,记作 COD_BD)所占的百分数。COD_BD 的意义类似于 BOD,但 COD_BD 的数值通常高于 BOD,这是因为 BOD 测试一般在很低的浓度下进行,接种量少同时温度较低。此外,这里所讲 COD_BD 的测试是在厌氧条件下进行的。在 COD_BD 的测定中,通过测定甲烷的产量和 VFA 的量(均换算为 COD,并分别记作 COD_CH4 和 COD_VFA),可以计算出可骸化的 COD 量(即 COD_acid),COD_acid = COD_CH4 + COD_VFA。转化为细胞物质的 COD(即 COD_cells)可通过物料平衡计算或者根据废水性质由发酵和产甲烷过程细胞的转化率估算。由此可得

$$COD_{BD} = COD_{CH_4} + COD_{VFA} + COD_{cells}$$

附1.6.2 测定的条件

1. 测定时间

COD_{BD} 通过对水样的接种发酵过程进行,因此发酵时间的长短影响到发酵的结果,在测定结果中应当注明发酵的时间。在操作良好的厌氧反应器中(例如,UASB 反应器),能够产生对复杂有机物降解的细菌。为了反映出某些复杂有机物的降解,测试的时间应当适当延长或者对同一接种用污泥进行驯化,推荐的测定时间为一个月。

2. 空白试验

废水的厌氧生物可降解性测定应当排除接种用污泥本身生物降解所引起的干扰。废水中 COD_{acid} 应等于试验水样中的 COD_{acid} 减去空白试验中由污泥本身消化产生的 COD_{acid}。污泥本身产生的 COD_{acid} 应当足够小,换言之,试验中使用的厌氧种泥应当是稳定化的污泥。如果污泥本身产生的 COD_{acid} 与试样的 COD_{acid} 相比超过了 20%,则测试结果会有较大偏差。

3. 接种量

采用的接种量应使菌种量足够多以使有机物充分降解、但同时又不产生太多的 COD_{acid} 以干扰测定。通常推荐采用 5 g VSS/L 的接种量(例如当使用消化污泥接种时)。当采用的污泥活性较高时[大于 0.2 g COD_{CH_4}/(gVSS·d)],可以用较少的接种量;但不应小于 1.5 g VSS/L。采用 UASB 反应器中的颗粒污泥接种,即可采用 1.5~2.0 g VSS/L 的接种量。

4. 废水水样的 COD 浓度

水样的 COD 浓度应当足够高,以便能够准确测定产生的甲烷和 VFA,但是浓度不能高到引起抑制的程度。通常可采用 5 gCOD/L 的浓度,但如果废水含有有毒物质,可采用 2 gCOD/L 的浓度并使用较大的反应器(大于 2 L)。

5. 缓冲液

在水样降解过程中,VFA 的产生会引起酸的积累,为防止 pH 值下降,应增加 $NaHCO_3$ 到水样中以使水样有足够的缓冲能力。1 g COD_{BD} 应加入 $NaHCO_3$ 1 g。

1.6.3 测定所用装置

最常用的测定有机物厌氧生物可降解性的方法是采用如附图 1.3 所示的 Mariotte 瓶来进行。如果试验的规模更小,则可以采用血清瓶液体置换系统(附图 1.4)。

附图 1.3 和附图 1.4 中用于置换气体的液体是 NaOH 或 KOH 溶液,其浓度在 15~50 g/L 范围。当生物气通过强碱溶液时,其中的 CO_2 转化为碳酸盐被溶液吸收,只有甲烷通过溶液,同时等体积的碱液从 Mariotte 瓶或血清瓶进入量筒。进入量筒的碱液也可以用称重的方法求得其体积,在这种情况下,要测量溶液的密度。碱液应当含有过量的碱以便保证 CO_2 能被充分吸收,一般碱量至少两倍于所吸收 CO_2 的当量,即 1 L 甲烷气至少在置换瓶中加 2 g NaOH。所以碱液的浓度和体积应符合以下不等式

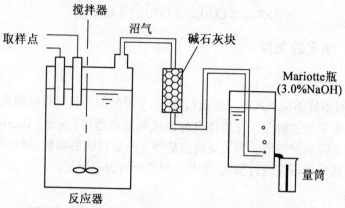

附图1.3　用于测定有机物厌氧生物可降解性的装置 I

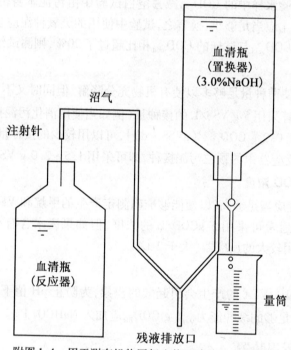

附图1.4　用于测有机物厌氧生物可降解性的装置 II

$$\frac{V_{min} \times \rho_{NaOH}}{2.0} \times 0.7 \geqslant V_{CH_4}$$

式中, V_{min} 为在 Mariotte 瓶或血清瓶中碱液的最小体积数, L; ρ_{NaOH} 为 NaOH 碱液的浓度, g/L; V_{CH_4} 为被测量的甲烷体积数, L。

当测量系统中的碱液量和浓度不符合上式时, 则应添加或更换碱液。另一方法是保持碱液 pH 始终高于 12, 否则更换碱液。

附 1.6.4　测定步骤

将种泥按一定量加入到反应器中, 加入废水水样(使其在稀释后达到预定的 COD 浓度), 按污泥活性测定的方法补充营养母液、微量元素和酵母抽出物到水样中, 加入废水 pH

值缓冲所需的 $NaHCO_3$,然后加水至有效体积。

对于空白试验,向另一反应器中加入同样量的种泥,加入约 80% 的蒸馏水,再加入与被测水样相同量的营养母液、微量元素、酵母抽出物和 $NaHCO_3$,补加水到同样的体积。

向上述放有水样的反应器和空白试验中通入氮气 3 min。安装好测定装置。使之置于一定温度的环境中(恒温室或培养箱),其温度与废水处理的温度相同。

一般在试验的最后一天测定水样和空白试验的 COD 和 VFA。如果原水样以溶解性物质为主,发酵终点应当测定水样经过滤后的 COD(即 COD_{filt})。测定甲烷产量应逐日进行,以保证液体置换系统始终维持足够多的碱液。在测试中间也可以测定 VFA 和 COD,以便了解不同消化时间里的生物可降解性。CH_4、VFA 和 COD 的测定应当在同一时间同步进行。

附1.6.5　结果计算

(1)计算的第一步是将累计的甲烷产量毫升数换算为 ml CH_4/L COD,即

$$甲烷产率 = \frac{V_{CH_4} \times 1\,000}{CF \times V}$$

式中,V_{CH_4} 为在测定终点得到的累积甲烷产量,mL;CF 为甲烷毫升数变为 g COD 计时的换算系数;V 为在反应器中液体的有效体积,L。

(2)测试终点的发酵液中 VFA 浓度应换算为 mg COD_{CH_4}/L,以符号 COD_{VFA} 示。

(3)据试样与空白试验的结果对测试数据加以修正,即

$$修正后的结果 = 试验结果 - 空白试验结果$$

(4)由修正后的结果可以进一步计算出以下各废水特性参数:

$$甲烷转化率(M\frac{0}{0}) = \frac{CODD_{CH_4}}{COD_0} \times 100\%$$

$$酸化率(A\frac{0}{0}) = \frac{COD_{acid}}{COD_0} \times 100\%$$

$$残余\,VFA\,的百分数(VFA\frac{0}{0}) = \frac{COD_{VFA}}{COD_0} \times 100\%$$

$$残余溶解性\,COD\,的百分数(COD\frac{0}{0}) = \frac{COD_{Ht}}{COD_0} \times 100\%$$

相应的 COD 去除率($E\%$)可计算如下:$E\% = 100\% - COD_{filt}\%$

废水的厌氧生物可降解性(记作 $COD_{BD}\%$ 或 BD%)和废水 COD 中转化为细胞的转化率(记作 $COD_{cells}\%$)可计算如下

$$BD\% = E\frac{0}{0} + VFA\%$$

$$COD_{cells}\frac{0}{0} = BD\frac{0}{0} - A\%$$

或

$$COD_{cells}\frac{0}{0} = E\frac{0}{0} - Me\%$$

已降解的 COD(即 COD_{BD})中转化为细胞的百分数称为比细胞产率(可记作 Y_{cells},单位

为 g COD_{cells}/g COD_{BD}），计算式为

$$Y_{cells} = \frac{COD_{cells}\%}{BD\%}$$

式中，COD_{CH_4} 为以 COD 量计算的累计甲烷产量；COD_0 为试样在时间 $t = 0$ 时的 COD 量；COD_{acid} 为已被酸化的 COD 量，$COD_{acid} = COD_{CH_4} + COD_{VFA}$；$COD_{VFA}$ 为最终发酵液中的 VFA 量（以 COD 计）；COD_{filt} 为最终发酵液中经过滤后，测得的溶解性 COD 的量。

以上各数据均以经空白试验校正后的结果计。

附 1.7　产酸发酵反应器内活性污泥生物量的测定

附 1.7.1　意义和原理

反应器内的污泥量测定，包括总固体、挥发性固体和灰分的测定。其中，总固体（TS）指试样在一定温度下蒸发至恒重所余固体物的总量，它包括样品中悬浮物、胶体物和溶解性物质，其中既有有机物也有无机物。挥发性固体（VS）N 表示样品中悬浮物、胶体和溶解性物质中有机物的量。总固体中的灰分是经灼烧后残渣的量，这个灰分表示了试样中盐或矿物质以及不可灼烧的其他物质（如 Si）的含量。三者之间的关系为 TS = VS + 灰分。以此法测定的 TS 和 VS 不包含在蒸发温度下易于挥发的物质的量。

附 1.7.2　目的

反应器内污泥的量可以通过污泥的垂直分布来计算。所谓污泥的垂直分布指反应器内不同高度的污泥浓度。当已知污泥的产甲烷活性后，知道了反应器内污泥的量即可预测反应器的最大负荷。污泥浓度的垂直分布也直接反映出反应器内污泥床的膨胀程度。

在反应器运行过程中，污泥量和污泥活性一样，都会受到许多因素的影响。在反应器运行达到稳定状态后，污泥的活性便会保持恒定，但反应器内的污泥量则会稳定增长。

附 1.7.3　仪器与设备

测定反应器内的污泥浓度要求反应器在不同高度有取样口。

（1）试验所用仪器：①恒温干燥箱；②马弗炉；③磁坩埚；④干燥器；⑤分析天平。

（2）操作步骤。将瓷坩埚洗涤后在 600 ℃马弗炉灼烧 1 h，待炉温降至 100 ℃后，取出瓷坩埚并于干燥器中冷却、称量。重复以上操作至恒量，记作 a g。

取 V mL 样品，置于坩埚，如果样品为污泥可将其与坩埚一起称量，记作易 g。然后将含样品的坩埚放入干燥箱，在 104 ℃下干燥至恒量，质量记作 c g。

将含干燥后样品的坩埚在通风橱内燃烧至不再冒烟，然后放入马弗炉，在 600 ℃下灼烧 2 h，待炉温降至 100 ℃时，取出坩埚在干燥器内冷却后称量，质量记作 d g。

（3）计算。

$$TS/(g \cdot L^{-1}) = \frac{c - a}{V} \times 1\,000$$

$$VS/(g \cdot L^{-1}) = TS - 灰分$$

$$灰分/(g \cdot L^{-1}) = \frac{d-a}{V} \times 1\,000$$

污泥中的 TS 和 VS 常以百分数表示,可计算如下

$$TS = \frac{c-a}{b-a} \times 100\%$$

$$灰分 = \frac{d-a}{b-a} \times 100\%$$

$$VS = TS - 灰分$$

附1.7.4　取样

污泥量测定的最关键之处是取样。当打开取样阀取样时,必须先使取样管内的液体与污泥流出,然后取真正由反应器内流出的液体与污泥混合物。所取样即时称量(假定密度为 1.0 g/mL)。

附1.7.5　测定步骤

(1)记录下每个所取样品的质量及相应取样孔的高度。

(2)在 5 000 r/min 下离心 10 min,弃去上清液后,在 105 ℃下干燥污泥至恒重。

(3)将干燥后的污泥连同瓷坩埚一起在通风橱内燃烧至不再冒烟,然后放入马弗炉在 600 ℃灼烧 2 h,待炉温降至 100 ℃后,取出坩埚于干燥器内冷却后称量,坩埚内残渣重即灰分。

以上测定过程即测定样品中的 VSS 量。

附1.7.6　计算

(1)样品 VSS 计算。

$$样品\ VSS\ 浓度/(g \cdot L^{-1}) = \frac{污泥干重 - 灰分重}{样品总重}$$

即反应器中某一高度的污泥浓度。

(2)反应器内污泥量计算。根据不同高度上所测的污泥浓度,绘制出污泥浓度 – 反应器高度曲线。取样点的高度可转换为该高度以下反应器的容积,曲线下方斜线部分的面积即代表反应器内污泥量(以 VSS 计)。

反应器内污泥量除以反应器总容积即得到反应器内污泥的平均浓度(以 g VSS/L 计)。

附1.8　产酸发酵过程中还原糖的测定

附1.8.1　硫酸－苯酚法测定还原糖

硫酸－苯酚试剂可与游离的单糖或寡糖、多糖中的己糖、糖醛酸起显色反应,己糖在 490 nm 处(戊糖及糖醛酸在 480 nm)有最大吸收,吸收值与糖含量呈线性关系。在连续流产酸发酵反应器运行试验中,进水与出水中的含糖量的测定以葡萄糖为标准物质,在间歇培养试验中,以相应的糖(底物)本身的测量为准。附图 1.5 为根据硫酸—苯酚法分别制作

的葡萄糖、果糖、木糖和半乳糖的标准曲线,糖的含量则根据此标准曲线计算。

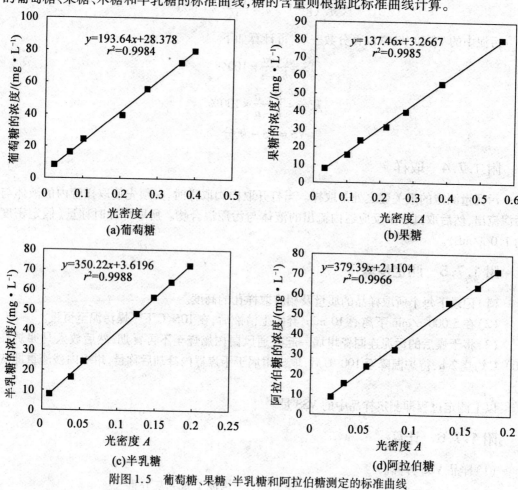

附图 1.5 葡萄糖、果糖、半乳糖和阿拉伯糖测定的标准曲线

1. 标准曲线的制作

准确称取标准葡萄糖或其他糖类 20 mg 于 500 mL 容量瓶中,加水至刻度,分别吸取 0.4 mL、0.6 mL、0.8 mL、1.0 mL、1.2 mL、1.4 mL、1.6 mL 及 1.8 mL,并以水补至 2.0 mL,然后加入 6% 苯酚 1.0 mL 及浓硫酸 5.0 mL,静止 10 min,摇匀,静止 5 min,沸水浴加热 25 min 后,冷水迅速冷却 5 min,于 490 nm 测光密度,以 2.0 mL 水按同样显色操作为空白,以横坐标为糖分微克数,纵坐标为光密度值,得标准曲线。

2. 样品的糖含量测定

吸取样品液 1.0 mL,按上述步骤操作,测光密度,以标准曲线计算糖的含量。

12.8.2 葡萄糖含量的测定

葡萄糖含量的测定采用葡萄糖含量测定试剂盒——葡萄糖氧化酶法。

1. 原理

葡萄糖在葡萄糖氧化酶催化下,生成葡萄糖酸和过氧化氢。过氧化氢在过氧化物酶催化下放出氧,氧将无色还原型显示剂 4－氨基替比林偶联酚中的酚氧化并与 4－氨基替比林

结合,生成红色醌类化合物,在 505 nm 波长下测定红色醌类化合物的吸光度。反应式为

$$葡萄糖 + O_2 + H_2O \xrightarrow{\text{葡萄糖氧化酶}} 葡萄糖酸 + H_2O_2$$

$$4 - 氨基替比林 + 苯酚 + H_2O_2 \xrightarrow{\text{过氧化物酶}} 红色醌类化合物$$

2. 试剂

葡萄糖氧化酶 10 000 μL;过氧化物酶 12 000 μL;4 - 氨基替比林 0.4 mmol/L;苯酚 10 mmol/L;磷酸盐缓冲液(pH 值为 7.0)0.1 mmol/L;适量稳定剂、防腐剂、激活剂。

3. 操作方法

(1)标准曲线的制作。

①应用液配制。将试剂盒中的酶试剂与酚试剂等比混合,放置室温 10 min 即应用,应用液在 2~8 ℃可稳定 1 周以上。

②标准葡萄糖不同浓度溶液的配制。精密称取于 105 ℃干燥至恒重的葡萄糖 0.5 g 置于 100 mL 容量瓶中,加蒸馏水溶解并定容至刻度,摇匀后精密吸取上述溶液 1.0 mL、3.0 mL、5.0 mL、10.0 mL、30.0 mL 分别置于 50 mL 容量瓶中,以蒸馏水稀释至刻度后摇匀,即得标准溶液。

③操作程序。将上述不同浓度葡萄糖溶液各取 20 μL 于一套标有 0、1、2、3、4、5、6 的试管中,各处理加入 2 mL 应用液,在旋涡混合器上混匀后,置 37 ℃水浴中 15 min,于 505 nm 波长比色。以空白管校正零点,读取各管吸光度值。

④绘制标准曲线。测出不同标准葡萄糖溶液的吸光度值后,以葡萄糖浓度为横坐标,$OD_{505\,nm}$ 值为纵坐标,绘制吸光度值对葡萄糖浓度的关系曲线如图附 1.6 所示,并回归出吸光度值与葡萄糖浓度的关系曲线为

$$OD_{505\,nm} = 0.293\ 1\ 葡萄糖浓度 + 0.009\ 8, r^2 = 0.9998$$

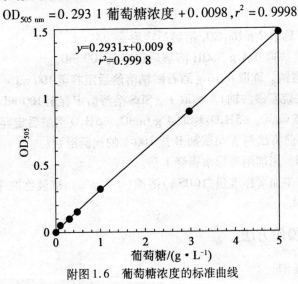

附图 1.6　葡萄糖浓度的标准曲线

(2)样品的测定。发酵液(待测样品)经离心后,进行适当的稀释,按上述操作测出不同发酵液稀释后的 $OD_{505\,nm}$ 值。然后按回归方程(2.1)计算出稀释样品的葡萄糖浓度,乘以稀释倍数后即为发酵液葡萄糖浓度。

4. 仪器

752 分光光度计 1 台,恒温水浴锅 1 台,分析天平 1 台,高速离心机 1 台,容量瓶(100 mL)若干,旋涡混合器 1 台,离心管若干,试管若干,移液管(5 mL、10 mL)若干,烧杯若干,取液器 1 000 μL 和 100 μL 各 1 支,Eppendorf 管若干。

附 1.9　淀粉含量的测定

采用双酶法将淀粉转化为糖,再用比色法测定糖含量。

双酶法测定步骤:第一步是液化过程,利用 α - 淀粉酶和 β - 淀粉酶将淀粉液化,转化为糊精及低聚糖,使淀粉的可溶性增加(反应温度 85 ~ 90 ℃,pH = 6.0 ~ 6.5)。第二步是糖化,利用糖化酶将糊精或低聚糖进一步水解,转化为葡萄糖(反应温度为 50 ~ 60 ℃,pH = 3.5 ~ 5.0)。

附 1.10　蛋白质含量的测定

附 1.10.1　原理

在碱性条件下蛋白质与铜形成复合物,后者与福林酚试剂形成深蓝色的化合物,颜色的强度与蛋白质浓度呈正比。

附 1.10.2　试剂

(1)试剂 A。

①2% Na_2CO_3。称取 2 g Na_2CO_3 溶解后定容至 100 mL。

②0.4% NaOH。称取 0.4 g NaOH 溶解后定容至 100 mL。

③0.16% 酒石酸钠。称取 0.16 g 酒石酸钠溶解后定容至 100 mL。

④1% SDS(十二烷基磺酸钠)。称取 1 g SDS 溶解后定容至 100 mL。

(2)试剂 B。4% $CuSO_4 \cdot 5H_2O$:称取 4 g $CuSO_4 \cdot 5H_2O$ 溶解后定容至 100 mL。

(3)试剂 C。用前将试剂 A 与试剂 B 按 100:1 的比例混合。

(4)福林酚试剂。用前用蒸馏水稀释 1 倍。

(5)标准蛋白。牛血清标准蛋白(BSA)溶液(0.1 g/L):准确称取牛血清蛋白 0.1 g 溶解后定容至 1 000 mL。

附 1.10.3　操作方法

1. 标准曲线的绘制

(1)不同浓度牛血清蛋白溶液的配制按表 12.3 配制不同浓度的牛血清蛋白溶液。

附表2.3 不同浓度的牛血清蛋白溶液的配制

试管编号	0	1	2	3	4	5	6
BSA 标样/mL	0	1	2	4	6	8	10
蒸馏水/mL	10	9	8	6	4	2	0
混合液体积/mL	10	10	10	10	10	10	10
BSA/$(g \cdot L^{-1})$	0	0.01	0.02	0.04	0.06	0.08	0.1

(2)测定方法。表12.3 中不同浓度的 BSA 溶液各取 1 mL 于另一套标有 0、1、2、3、4、5、6 的试管中,各处理加入 3 mL 试剂 C 后室温静止 30 min,再在分别加入 0.3 mL 稀释福林酚的同时在旋涡混合器上剧烈混合,室温静止 45 min 后,在分光光度计上 660 nm 处比色。

(3)标准曲线的绘制。测出不同浓度 BSA 溶液的光吸收值后,以蛋白浓度为横坐标,$OD_{660\ nm}$ 值为纵坐标,绘制光吸收值与蛋白浓度的关系曲线如附图 1.7,并回归出光吸收值与蛋白浓度的关系曲线为

$$OD_{660\ nm} = 4.343\ 3\ 蛋白浓度 + 0.006\ 7$$

$$r^2 = 0.998\ 1$$

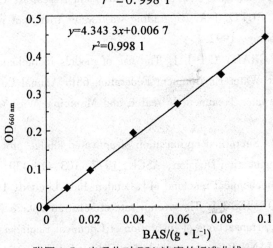

附图 1.7 光吸收对 BSA 浓度的标准曲线

2. 样品蛋白含量的测定

待分析的样品离心经适当的稀释后,按上述测定方法测出稀释样品的光吸收值,再按回归方程 $r^2 = 0.998\ 1$)计算出稀释样品的蛋白含量,乘以样品的稀释倍数后即为样品的蛋白浓度。

附1.10.4 仪器

752 分光光度计 1 台,分析天平 1 台,容量瓶(100 mL)若干,旋涡混合器 1 台,试管若干,移液管(5 mL、10 mL)若干,烧杯若干,取液器 1 000 μL 和 100 μL 各 1 支。

参考文献

[1] ALLEMANJ E, PRAKASAM T B S. Reflections on seven decades of activated sludge history[J]. Water Pollution Control Federation, 1983, 55,436-443.

[2] CILLIE G G, HENSEN M R, STANER G J,et al. Anaerobic digestion IV the application of the process in waste purification[J]. Water Research, 1969, 3,623-643.

[3] SAWYER C N. Milestones in the development of the activated sludge process[J]. Water Pollution Control Federation, 1965, 37, 151-170.

[4] SWITZENBAUM M S. Anaerobic treatment of wastewater: recent development[J]. ASM News, 1983, 49,532-536.

[5] DAIGGER G T. Development of refined clarifier operating diagrams using an updated settling characteristics database[J]. Water Environment Research, 1995, 67, 95-100.

[6] DAIGGER G T, BUTTZ J A. Upgrading wastewater treatment plants[M]. Lancaster: Technomic Publishing, 1992.

[7] DAIGGER G T, GRADY C P L J. The use of models in biological process design[J]. Proceedings of the Water Environment Federation 68th Annual Conference & Exposition, Volume 1, Wastewater Treatment Research and Municipal Wastewater Treatment, 1995, 501-510.

[8] GRADY C P L J. Simplified optimization of activated sludge process[J]. Journal of the Environmental Engineering Division, ASCE, 1977, 103,413-429.

[9] ATKINSON B. Biochemical reactors[M]. London:Pion Limited, 1974.

[10] ATKINSON B,DAVIES I J. The overall rate of substrate uptake (reaction) by microbial films:Part I[J]. Transactions of Institution of Chemical Engineers 1974,52:248-259.

[11] DAE W, RITTMANN B E. A structured model of dual-limitation kinetics[J]. Biotechnology and Bioengineering, 1996,49: 683-689.

[12] BLANCH H W, CLARK D S. Biochemical rngineering[M]. New York: Marcel Dekker, 1996.

[13] CANNON F S. Discussion of " Simplified design of biofilm processes using normalized loading curves" [J] . Research Journal, Water Pollution Control Federation,1991,63: 90.

[14] CHARACKLIS W G, MARSHALL K C. Eds Biofilms[M]. New York:Wiley, 1990.

[15] CHARACKLIS W G, MARSHALL K C. Biofilms: a basis for an interdisciplinary approach[M]. New York:Wiley, 1990.

[16] PALAZZI B, FABIANO, PEREGO P. Process development of continuous hydrogen production by enterobacter aerogenes in a packed column reactor[J]. Bioprocess Engineering, 2010, 22: 205-211.

[17] BASSAM J, CAETANO G A, GRESSHOFF P M. Fast and sensitive silver staining of DNA in polyacrylame gels[J]. Anal. Biochem, 1991, 196: 80-83.

[18] 刘艳玲. 两相厌氧系统底物转化规律与群落演替的研究[D]. 哈尔滨工业大学, 2001.

[19] KUMAR N, DAS D. Enhancement of hydrogen production by enterobacter cloacae IIT - BTO8[J]. Proc Biochem, 2010, 35: 589-593.

[20] 林明. 高效产氢发酵新菌种的产氢机理及生态学研究[D]. 哈尔滨工业大学, 2002.

[21] Heng Hui, Zeng Renjiang, ANGELIDAKI I. Biohydrogen production from glucose in up-flow biofilm reactors with plastic carriers under extreme thermophilic conditions (70 °C) [J]. Biotechnol Bioeng, 2008, 100(5):1034-1038.

[22] TSYGANKOV A A, HIRATA Y, MIYAKE M, et al. Photobioreactor with photosynthetic bacteria immobilized on porous glass for hydrogen photoproduction[J]. Ferment Bioeng, 1994, 77: 575-578.

[23] Wang Yu, Mu Yu, Yu Huiqiong. Comparative performance of two upflow anaerobic bio-hydrogen - producing reactors seeded with different sludges[J]. Int J Hydrogen Energy 2007, 32(8):1086-1094.

[24] Zhang Zhenpeng, TAY J H, SHOW K Y, et al. Biohydrogen production in a granular ac-tivated carbon anaerobic fluidized bed reactor[J]. Int J Hydrogen Energy 2007, 32(2): 185-191.

[25] COLLET C, ADLER N, SCHWITZGUIEBE J P, et al. Hydrogen production by clostridi-um thermolacticum during continuous fermentation of lactose[J]. Int J Hydrogen Energy, 2004, 29:1479-1485.

[26] TASHINO S. Feasibility study of biological hydrogen production from sugar cane by fer-mentation[J]. Hydrogen Energy Progress XI Proceedings of 11th WHTC, 1996, 3: 2601-2606.

[27] 爱杰, 任南琪. 环境中的分子生物学诊断技术[M]. 北京:化学工业出版社, 2004.

[28] MANISH S, BANERJEE R. Comparison of biohydrogen production processes[J]. Int J Hydrogen Energy, 2008, 33:279 - 86.

[29] Chen Wenming. Fermentative hydrogen production with clostridium butyricum CGS5 iso-lated from anaerobic sewage sludge[J]. Int J Hydrogen Energy, 2007, 30:1063 - 1070.

[30] 托雷斯 N V, 沃伊特 E O. 代谢工程的途径分析与优化[M]. 修志龙, 腾虎, 译. 北京:化学工业出版社, 2009.

[31] AY J J. Biohydrogen generation by mesophilic anaerobic fermentation of microcrystalline cellulose [J]. Biotechnology and Bioengineering, 2001, 74:280-287.

[32] Zhang Tian, Liu Hui. Biohydrogen production from starch in wastewater under thermophi-lic condition[J]. Journal of Environmental Management, 2003, 69:149-156.

[33] UENO Y, KAWAI T, SATO S, et al. Biological production of hydrogen from cellulose by natural anaerobic microflora[J]. Journal of Fermentation and Bioengineering, 1995, 79: 395-397.

[34] van NIEL E W J,CLASSEN P A M. Substrate and product inhibition of hydrogen production by the extreme thermophile, Caldicellulosiruptor saccharolyticus[J]. Biotechnology and Bioengineering,2003,81:255-262.

[35] KADAR Z, de VRIJE T, BUDDE M A W, et al. Ydrogen production from paper sludgehydrolysate[J]. Applied Biochemistry and Biotechnology, 2003, 105:557-566.

[36] NOIKE T, MIZUNO O. Hydrogen fermentation of organic municipal wastes [J]. Water Science and Technology, 2000, 42:155-162.

[37] 任南琪,李建政.生物制氢技术[J].太阳能,2003,2:4-6.

[38] Li Yongfeng, Ren Nanqi, Chen Ying, et al. Ecological mechanism of fermentative hydrogen production by bacteria[J]. Science Direct,2007,32:755-760.

[39] 师玉忠.光合细菌连续制氢工艺及相关机理研究[D].郑州:河南农业大学,2008.

[40] MELIS A. Green alga hydrogen production: progress, challenges and prospects [J]. International Journal of Hydrogen Energy, 2002, 27; 1217-1228.

[41] 胡雪竹,高宛莉,张春学,等.生物制氢的研究进展及应用[J].中国校外教育,2011,2:116.

[42] Guo Ximei, TRABLY E, LATRILLE E, et al. Hydrogen production from agricultural waste by dark fermentation: A review [J]. ScienceDirect,2010,2:1-14.

[43] Guo Wanqian, Ren Nanqi, Wang Xingji. Biohydrogen production from ethanol-type fermentation of molasses in an expanded granular sludge bed (EGSB) reactor[J]. Int J Hydrogen Energy, 2008, 19(33):4981-4988.

[44] 李建政,李伟光,昌盛,等.厌氧接触发酵制氢反应器的启动和运行特性[J].科技导报, 2009, 27(14):88-91.

[45] Wang Yu, Wang Hui, Feng Xiaoqiong, et al. Biohydrogen production from cornstalk wastes by anaerobic fermentation with activated sludge[J]. International Journal of Hydrogen Energy, 2010(35):3092-3099.

[46] PATRICK C H, BENEMANN J R. Biological hydrogen production: fundamentals and limiting process[J]. International J of Hydrogen Energy, 2000(27):1185-1193.

[47] Li Yongfeng, Wang Zhanqing, Han Wei, et al. Biohydrogen production from molasses wastewater used mixed culture fermentation[J]. Applied Mechanics and Maerials,2011 (71-78):2925-2928.

[48] Li Yongfeng, Ren Nanqi, Chen ying,et al. Ecological mechanism of fermentative hydrogen production by bacteria[J]. International Journal of Hydrogen Energy, 2007(32): 755-760.

[49] MANISH S, BANERJEE R. Comparison of biohydrogen production process[J]. IntJ Hydrogen Energy ,2008(33):279-286.

[50] RITTMANN B E. Opportunities for renewable bioenergy using microorganisms[J]. Biotechnol Bioeng, 2008(100):203-212.

[51] BAGHCHEHSARAEE B, NAKHLA G,KARAMANEV D,et al. Fermentative hydrogen production by diverse microflora[J]. Int J Hydrogen Energy, 2010(35):5021-5027.

[52] Ding Jiang, Wang Xing, Zhou Xin, et al. CFD optimization of continuous stirred-tank (CSTR) reactor for biohydrogen production [J]. Bioresource Technology, 2010, 101 (18):7005-7013.

[53] HORIUCHI J I, SHIMIZU T, TADA K, et al. Selective production of organic acids in anaerobic acid reactor by pH control[J]. Bioresour Technol. ,2009(82):209-213.

[54] 韩伟. CSTR 生物制氢反应器的快速启动及运行特性的研究[D]. 东北林业大学, 2009.

[55] 李建政，张妮，李楠,等. HRT 对发酵产氢厌氧活性污泥系统的影响[J]. 哈尔滨工业大学学报, 2006, 38(11):1840-1846.

索 引

B

不溶性无机物(IIM) 1.1
不溶性有机物(IOM) 1.1

C

CMISR 反应器乙醇型发酵微生物菌群的驯化 6.1
COD 去除率 4.2
CSTR 生物制氢反应器 9.2
产氢菌 11.1
产氢效能 9.2
长期抑制(驯化抑制) 7.1
初级污泥 1.1
初期抑制(冲击抑制) 7.1
传统活性污泥(CAS) 1.2

D

大豆蛋白废水 7.2
滴滤池(TF) 1.2
底物浓度 11.4
底物种类 11.3
丁酸发酵菌群 10.3
多点进水活性污泥(SFAS) 1.2
多物种生物膜 3.4

E

Ethanol/HAc 6.2
二级污泥 1.1

G

固定化污泥厌氧发酵生物制氢 5.2

H

Hbu/HAc 6.2
红糖废水 7.1
恢复作用 10.1
活性污泥(EAAS) 1.2

J

基质微生物比(COD/VSS)　　7.1
搅拌速度　　7.1

L

连续搅拌式反应器(CSTR)　　2.1
连续流附着生长系统制氢工艺　　5.1
零级生物膜　　3.2
流化床生物反应器(FBBR)　　1.2
硫酸盐和硫化物　　附录5

N

能量转化率(ECR)　　4.3

P

pH 值　　4.2
培养液　　11.1

Q

强化污泥　　10.2
全渗透生物膜　　3.2
缺氧/好氧消化(A/AD)　　1.2

R

溶解性无机物(SIM)　　1.1
溶解性有机物(SOM)　　1.1
溶解氧(DO)　　1.1

S

深层生物膜　　3.2
升流式厌氧污泥床反应器(UASB)　　1.2
生物毒性作用　　7.1
生物法去除营养物系统(BNR)　　1.2
生物量　　7.1
生物膜　　3.1
生物制氢　　4.1
生物转盘接触池(RBC)　　1.2
衰亡期　　11.3
水力停留时间 (HRT)　　4.1

T

推流式反应器(PFR)　　2.1

U

UASB 生物制氢系统　　8.1

W

完全混合活性污泥(CMAS)　　　　1.2

完全混合曝气塘(CMAL)　　　　1.2

微生物生长　　　　11.2

微生物生态变异性　　　　9.1

污泥接种量　　　　10.1

污泥驯化　　　　10.1

X

悬浮生长式培养　　　　1.2

选择器活性污泥(SAS)　　　　1.2

Y

厌氧发酵生态因子　　　　11.3

厌氧接触法(AC)　　　　1.2

厌氧塘(ANL)　　　　1.2

氧化还原电位　　　　4.2

液相末端发酵产物　　　　4.2

一级生物膜　　　　3.2

有机负荷的提高　　　　9.1

预处理　　　　7.1

Z

质量平衡方程　　　　2.1

总挥发性脂肪酸(VFAs)　　　　9.2

市政与环境工程系列丛书(本科)

建筑水暖与市政工程 AutoCAD 设计	孙　勇	38.00
建筑给水排水	孙　勇	38.00
污水处理技术	柏景方	39.00
环境工程土建概论(第3版)	闫　波	20.00
环境化学(第2版)	汪群慧	26.00
水泵与水泵站(第3版)	张景成	28.00
特种废水处理技术(第2版)	赵庆良	28.00
污染控制微生物学(第4版)	任南琪	39.00
污染控制微生物学实验	马　放	22.00
城市生态与环境保护(第2版)	张宝杰	29.00
环境管理(修订版)	于秀娟	18.00
水处理工程应用试验(第3版)	孙丽欣	22.00
城市污水处理构筑物设计计算与运行管理	韩洪军	38.00
环境噪声控制	刘惠玲	19.80
市政工程专业英语	陈志强	18.00
环境专业英语教程	宋志伟	20.00
环境污染微生物学实验指导	吕春梅	16.00
给水排水与采暖工程预算	边喜龙	18.00
水质分析方法与技术	马春香	26.00
污水处理系统数学模型	陈光波	38.00
环境生物技术原理与应用	姜　颖	42.00
固体废弃物处理处置与资源化技术	任芝军	38.00
基础水污染控制工程	林永波	45.00
环境分子生物学实验教程	焦安英	28.00
环境工程微生物学研究技术与方法	刘晓烨	58.00
基础生物化学简明教程	李永峰	48.00
小城镇污水处理新技术及应用研究	王　伟	25.00
环境规划与管理	樊庆锌	38.00
环境工程微生物学	韩　伟	38.00
环境工程概论——专业英语教程	官　漩	33.00
环境伦理学	李永峰	30.00
分子生态学概论	刘雪梅	40.00
能源微生物学	郑国香	58.00
基础环境毒理学	李永峰	58.00
可持续发展概论	李永峰	48.00
城市水环境规划治理理论与技术	赫俊国	45.00
环境分子生物学研究技术与方法	徐功娣	32.00

市政与环境工程系列研究生教材

城市水环境评价与技术	赫俊国	38.00
环境应用数学	王治桢	58.00
灰色系统及模糊数学在环境保护中的应用	王治桢	28.00
污水好氧处理新工艺	吕炳南	32.00
污染控制微生物生态学	李建政	26.00
污水生物处理新技术(第3版)	吕炳南	25.00
定量构效关系及研究方法	王 鹏	38.00
模糊－神经网络控制原理与工程应用	张吉礼	20.00
环境毒理学研究技术与方法	李永峰	45.00
环境毒理学原理与应用	部 爽	98.00
恢复生态学原理与应用	魏志刚	36.00
绿色能源	刘关君	32.00
微生物燃料电池原理与应用	徐功娣	35.00
高等流体力学	伍悦滨	32.00
废水厌氧生物处理工程	万 松	38.00
环境工程微生物学	韩 伟	38.00
环境氧化还原处理技术原理与应用	施 悦	58.00
基础环境工程学	林海龙	78.00
活性污泥生物相显微观察	施 悦	35.00
生态与环境基因组学	孙彩玉	32.00
产甲烷菌细菌学原理与应用	程国玲	28.00
环境生物技术:典型厌氧环境微生物过程	李永峰	98.00
"活性污泥－生物膜"处理废水复合生物工艺	王 兵	28.00